风力机叶片
气动噪声特性与降噪方法研究

胡　昊◎著

中国水利水电出版社
www.waterpub.com.cn
·北京·

内 容 提 要

本著作采用经验模型（BPM）方法和计算流体力学结合声类比（CFD/FW-H）方法，首先研究了典型风力机翼型的气动噪声特性，提出了基于涡发生器的降噪方法；针对某兆瓦级风电机组叶片，研究其不同风速条件下、不同展向位置处的气动噪声特性，探索了基于涡发生器的风力机叶片降噪方法。本书结构合理，条理清晰，内容丰富新颖，是一本值得学习研究的著作，可供相关人员参考使用。

图书在版编目（C I P）数据

风力机叶片气动噪声特性与降噪方法研究 / 胡昊著
. -- 北京：中国水利水电出版社，2016.10（2022.9重印）
ISBN 978-7-5170-4665-3

Ⅰ. ①风… Ⅱ. ①胡… Ⅲ. ①风力发电机-叶片振动
-气动噪声-降噪措施-研究 Ⅳ. ①TM315

中国版本图书馆CIP数据核字(2016)第207802号

责任编辑：杨庆川 陈 洁 封面设计：马静静

书　名	风力机叶片气动噪声特性与降噪方法研究　FENGLIJI YEPIAN QI-DONG ZAOSHENG TEXING YU JIANGZAO FANGFA YANJIU	
作　者	胡昊著	
出版发行	中国水利水电出版社	
	（北京市海淀区玉渊潭南路 1 号 D 座 100038）	
	网址：www. waterpub. com. cn	
	E-mail：mchannel@263. net（万水）	
	sales@mwr.gov.cn	
	电话：(010)68545888（营销中心）、82562819（万水）	
经　售	全国各地新华书店和相关出版物销售网点	
排　版	北京厚诚则铭印刷科技有限公司	
印　刷	天津光之彩印刷有限公司	
规　格	170mm×240mm　16 开本　16.75 印张　207 千字	
版　次	2016年10月第1版　2022年9月第2次印刷	
印　数	1501-2500册	
定　价	50. 00 元	

前　言

随着风电机组的大型化与风电场的大规模建设,风电机组对环境的影响成为人们普遍关注的问题。风电机组叶片的气动噪声是其中较为突出的问题之一。风电机组叶片气动噪声的产生机理与降噪方法成为风力机叶片研究中的热点。研究工作围绕上述两个热点问题展开,采用经验模型(BPM)方法和计算流体力学结合声类比(CFD/FW-H)方法,首先研究了典型风力机翼型的气动噪声特性,提出了基于涡发生器的降噪方法;针对某兆瓦级风电机组叶片,研究其不同风速条件下、不同展向位置处的气动噪声特性,探索了基于涡发生器的风力机叶片降噪方法。

以 DU97-W-300-flatback 钝尾缘风力机翼型为研究对象,分别采用 BPM 和 CFD/FW-H 方法模拟了翼型气动噪声特性,通过将计算值与实验值进行比较,验证了 BPM 模型和 CFD/FW-H 模拟结果的可信度。CFD/FW-H 计算结果与 BPM 计算结果在高频区较接近,且均与实验值吻合较好,但在低频区 CFD/FW-H 计算结果优于 BPM 计算结果。比较了不同湍流计算方法(URANS、DES、LES)对 CFD/FW-H 模拟结果的影响。研究发现,三种湍流计算方法得到翼型声压级的主频基本一致,主频所对应的声压级大小也基本一致。计算所得主频比实验主频略低,但声压级的峰值相近。同套网格情况下,三种计算方法中,URANS 计算结果与 DES 计算结果基本相同,但 DES 计算结果更加接近实验值。流场中声压的变化与压力的变化是密不可分的,脉动声压与脉动压力得到的主频及高阶谐波频率基本一致。在翼型尾缘下游沿流向不同位置处,声压频谱的主频基本一致。

在验证与确认的基础上,以 DU97-W-300-flatback 和 DU97-W-300 风力机翼型为研究对象,采用 CFD/FW-H 方法,研究了来流攻角和翼型尾缘厚度对翼型气动噪声特性的影响,揭示了大钝尾缘翼型气动噪声与尾缘脱落涡之间的关系。研究发现,翼型气动噪声声压级并不随攻角单调变化,而是呈先减小后增加的变化趋势。翼型总声压级随着半径距离的增加而逐渐减小,在不同半径距离处,翼型噪声的指向性分布均呈明显的偶极子形状。翼型尾缘噪声明显要大于前缘噪声,且前缘及尾缘噪声均小于翼型上下表面噪声。小攻角时,翼型噪声指向性在翼型上下表面的分布基本沿弦线对称;大攻角时,基本沿来流对称分布。常规翼型在小攻角时,声压级分布呈现低频特性;大攻角时,呈现宽频特性。钝尾缘翼型声压级分布均呈现出低频特性。钝尾缘翼型在较小攻角时,其声压级大于常规翼型;在大攻角时,两者相差较小。

其次,研究了采用三角形涡发生器降低气动噪声的方法。以上述两个典型风力机翼型为对象,采用 CFD/FW-H 方法,揭示了涡发生器降噪机理,得到了涡发生器产生集中涡与分离旋涡的干涉流场,以及集中涡涡流噪声与分离旋涡噪声对叶片及翼型气动噪声的影响规律。研究发现,涡发生器在不同攻角下对翼型噪声的影响规律略有不同。在小攻角时,涡发生器能降低翼型气动噪声;在较大攻角时,涡发生器也能降低翼型气动噪声;但在某些中间攻角时,涡发生器反而会增加翼型气动噪声。对于洁净翼型,小攻角时,翼型的噪声特性呈现低频特性,而较大攻角时呈现出宽频特性。对于带涡发生器翼型,在所有攻角下,翼型噪声分布均呈现低频特性。

最后,以某兆瓦级风力机叶片为研究对象,采用 CFD/FW-H 方法,研究了该叶片 5 个叶展位置处翼型的气动噪声特性和整个风轮的三维气动噪声特性。研究发现,翼型厚度越大声压级越大。但翼型失速之后,声压级大小与翼型厚度相关性不大。对于某个特定翼型,其噪声强度并不随攻角呈线性变化,得出了翼型气动噪声随攻角的变化规律与翼型升阻比的变化规律密切相关。

对于三维叶片噪声的指向性分布,在内叶展,叶片前缘、尾缘处的声压级大于叶片上下表面处声压级。在叶片的前缘、尾缘处,噪声呈现明显的宽频特性;在叶片的上下表面,噪声呈现出低频特性;在外叶展,噪声的指向性分布与孤立翼型类似,即为典型的偶极子分布。在叶片前缘、尾缘处声压级小于叶片上下表面声压级。越靠近外叶展,噪声呈现出宽频特性。在此基础之上,研究了不同风速条件下,在内叶展布置三种涡发生器结构(三角形、梯形、矩形)对叶片气动噪声的影响。研究发现,三种涡发生器均能推迟流动分离,提高叶片气动性能;矩形涡发生器会增加叶片气动噪声,梯形及三角形涡发生器均会降低叶片气动噪声,三角形涡发生器使叶片气动噪声降低最多。三角形涡发生器降噪效果最优。

由于作者水平有限,加之时间仓促,错误在所难免,敬请各位专家学者批评指正。

作　者
2016 年 7 月

目 录

第1章 绪 论

1.1 我国风电发展概况

随着环境保护意识和绿色低碳发展理念的深入人心，清洁的可再生能源越来越受到重视。风电作为目前最具大规模开发和技术最成熟的清洁能源，在世界各国得到了大力发展。我国于2013年发布了《大气污染防治行动计划》，明确提出要"加快调整能源结构、控制煤炭消费总量、加快清洁能源替代利用、增加清洁能源供应"；2014年国务院发布了《能源发展战略行动计划（2014—2016）》，再次提出"控制煤炭消费、优化能源结构"，大力发展可再生能源，到2020年风电装机达到2亿kW的目标。这些都体现了风力发电在国家能源结构调整中的重要地位。图1-1为2005—2015年中国风电累计装机容量与新增装机容量图。根据中国可再生能源学会风能专委会发布的数据显示[1]：2015年，中国风电装机量再创新高。新增装机容量30753MW，同比增长32.6%；累计装机容量已达145362MW，同比增长26.8%。根据全球风能理事会的统计，截止至2015年，我国风电累计装机容量和新增装机容量均为世界第一。风电规模的大幅增长既是国家能源结构调整的结果，也是我国风电产业优化升级、不断创新的结果。

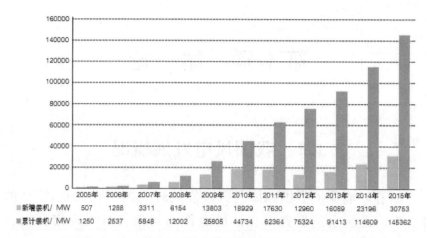

	2005年	2006年	2007年	2008年	2009年	2010年	2011年	2012年	2013年	2014年	2015年
新增装机/ MW	507	1288	3311	6154	13803	18929	17630	12960	16089	23196	30753
累计装机/ MW	1250	2537	5848	12002	25805	44734	62364	75324	91413	114609	145362

图 1-1　2005－2015 中国风电累计装机容量与新增装机容量[1]

Fig. 1-1　2005－2015 China's total installed capacity and new installed capacity

图 1-2 为 1991—2015 年中国新增和累计装机的风电平均功率曲线。2015 年，我国新增装机的风电机组平均功率达到 1837kW，与 2014 年的 1768kW 相比，增长 3.9%。图 1-3 为 2015 年中国不同功率风电机组新增装机容量比例图。2015 年，我国新增风电装机中，2MW 风电机组装机市场份额首次超过 1.5MW 机组，占全国新增装机容量的 50%。1.5MW 机组和 2MW 机组仍占市场主导地位，市场份额达到 84%。与 2014 年相比，1.5MW 机组市场份额下降了 12%，而 2MW 机组所占市场份额上升了 9%。2.1MW 至 2.5MW 机组市场份额达到 12%，其中主要是以 2.5MW 为主。2.6MW 至 3MW 机组市场份额达到 2%，其他机组装机占比在 1% 以下。

2015 年，我国累计风电装机中，1.5MW 的风电机组仍占主导地位，占总装机容量的 56%，同比下降约 5%；2MW 的风电机组市场份额上升至 28%，同比上升约 6%。我国目前单机容量最大的是 6MW 机组，除了原有联合动力和明阳风电的产品，金风科技在 2015 年新增吊装一台 6MW 机组。

综上所述，经过十多年的发展，我国风力发电取得了举世瞩目的成就，风电累计装机容量居世界第一，并超过核电成为继火电、水电之后的第三大电力供应源，风电机组的单机最大容量也发展到了 6MW，并且大容量机组在新增装机中的比重也越来越重。

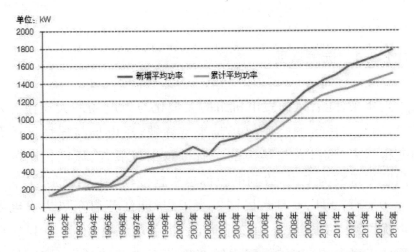

图 1-2　1991－2015 年中国新增和累计装机的风电平均功率[1]

Fig. 1-2　1991－2015 Wind electricity average power of new installed and total installed in China

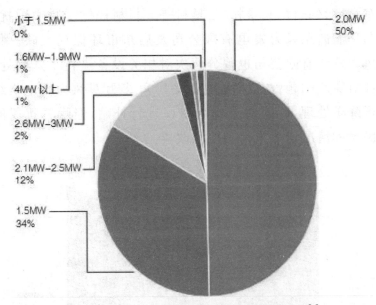

图 1-3　2015 年中国风电机组新增装机容量比例[1]

Fig. 1-3　2015 Wind generator power ratio of new installed capacity in China

1.2 选题背景及研究现状

1.2.1 选题背景

近年来,随着风力发电机组的大型化与风电场的大规模开发建设,远离居民区的空旷风场越来越稀缺,风电场与居民区的距离变得越来越近,人与噪声的矛盾也越来越显现,风电机组的噪声问题变得较为突出,收到的投诉越来越多,成为关注的热点。

2015年1月16日人民网发表了《华能江苏启东风力发电场噪声扰民》[2]的报道,根据该报道,华能启东风电场(图1-4)二期工程位于启东市东海镇、寅阳镇东部黄海之滨的垦区,该项目于2010年7月9日开工建设,装机容量94MW,总投资12亿元,是启东市利用风力资源替代煤发电的重要项目。但风场建成之后,当地东海镇兴旺村、兴垦村、吕垦村等5村村民饱受噪声困扰,曾多次向华能启东风力发电有限公司及启东市环保局反映。华能启东风力发电有限公司也曾分两次对相关设备进行了降噪处理,公司针对噪声问题曾分两次共投入1000多万对风力发电机组设备进行降噪处理,同时对受影响村民进行补贴,但噪音扰民问题和居民投诉情况依然未得到明显改善。

图1-4 华能启东风电场[2]

Fig. 1-4 Huaneng qidong wind farm

2015 年 9 月,江苏省某电视台报道了该省宿迁市泗洪县龙集镇某风电场噪声扰民问题。该风电场由深圳能源集团开发建设,风电场距居民区仅 300 米左右。据报道,该风场白天噪声值在 50dB 以上,晚上噪声值在 40dB 以上,由于目前国家对风力发电机组噪声还未有明确标准,但依据农村居住环境噪声值国家标准,该噪声值已经超出了国家标准[3]。

此外,在欧洲、美国等部分地区,风电场也因噪声问题屡遭当地居民投诉。英国 Solford 大学对该国 133 个风电场附近居民进行走访调研,通过问卷调查的形式统计了风电场噪声对附近居民生活的影响,调研结果发现,存在噪声扰民的风电场占调查风电场总数的 20%。

美国妮娜医生经过 5 年的调查研究表明[4],风力发电机组会对附近居民健康产生一定程度的影响,"风电场综合征"会导致一系列健康问题。大量调查结果显示,风力发电机组的噪声会刺激人耳的前庭系统,从而引起耳鸣、眩晕、睡眠障碍、心率过速以及增加心脏病等危险。

针对风电的噪声问题,各国政府或组织机构制定了系列风电噪声相关标准,并根据风电噪声标准来评价风电噪声是否超标。国际电工委员会(International Electro-technical Commission, IEC)针对风电噪声问题,制定了《风力发电机组噪声测量方法》,中国国家标准委员会也于 2015 年 10 月再次修订、发布了相关标准《风力发电机组噪声测量方法》,该标准等同采用国际标准 IEC 61400-11,ed.3.0:2012。我国台湾地区于 2013 年也颁布了相关标准《风力发电机组专属噪音管制标准》,对全频及低频噪声都制定了明确标准,并规定违规风电场将停工半年整顿。国际电气与电子工程协会(IEEE)正在针对风力发电机组气动噪声问题制定相关测量标准。美国威斯康星州(Wisconsin)噪声管理办法规定,风能设备的噪声在居民区不能超过 50dB,音调噪声(tonal noise)不能大于 45dB,该法规还对音调噪声进行了定义[5]。此外,一些研究对噪声进行了更严格的限制,例如,其中有一项研究对人类感知音调噪声影响进行了评估[6]。

由此可见,风电机组的噪声问题越来越突出,也越来越受到大家重视。因此,控制风力发电机组在运行过程中的噪声问题,是目前风力发电机组设计过程中必须要考虑的一个问题。同时,在国际上,噪声也是风力发电机组设计过程中一个重要的考量指标。能否设计出高效率、低噪声风力发电机组,关系到各国风电机组在国际市场上的竞争力。

1.2.2 叶片气动噪声研究现状

风电机组的噪声源主要包括机械噪声、气动噪声。机械噪声主要是由于机械设备运转时,不同部件之间的摩擦力或非平衡力导致的无规律振动而产生的,可以通过提高机械制造精度、改善润滑、减少摩擦和撞击等方法来降低。而风电机组的气动噪声主要由叶片与塔架的干涉以及流体湍流脉动引起的湍流噪声等,这与流动本身有关。所以气动噪声成为风电机组噪声控制的重要因素。

风力机气动噪声问题是在设计过程中必须要考量的重要指标,这关系到风力机是否能够达到噪声相关标准,也直接影响到风力机组的竞争力,所以风力机气动噪声的预测与降噪非常重要。在早期,风力机气动噪声的预测只能依靠实验测量。Meecham 等人[7]研究了半隔板多普勒型方向行模型噪声预测方法,并用预测结果与实验值进行了对比。这种简单的噪声预测方法至今在一些工程标准中仍在应用[8]。1995 年,Voutsinas[9]将风力机运行过程中的噪声分为两类,一类是低频噪声,另一类是宽带噪声。低频噪声类似于螺旋桨产生的气动噪声,由于风力机前方来流存在湍流以及叶片与塔架之间的相互作用,风轮在旋转过程中周期扫过塔架,以及叶片表面气动载荷的周期变化,使流场中存在周期出现了特性的谐波噪声。研究表明,如果能准确预测流场中的压力脉动,那么声压脉动便可以准确预测。因此,低频噪声预测问题的关键是叶片表面脉动压力的准确预估。宽带噪声主要由翼型自噪声及湍流来流与叶片相互作用产生噪声。叶片的自噪声只是叶片表面流动而引起的噪声类型，自噪声的噪声源主要包括：层流边界层尾缘脱落涡噪声、湍流边界层尾缘噪声、分离流噪声、钝尾缘噪声、叶尖涡噪声等。

风力机叶片叶尖涡噪声主要由于叶片叶尖涡引起，叶尖噪声强度与叶尖涡强度、叶尖部位的几何形状等因素密切相关。

近年来，人们针对尾缘噪声进行了大量反复的研究工作。1999年，Bart A Singer[10]等人利用CFD对NACA翼型进行了数值模拟，研究了翼型尾缘噪声。结果表明，翼型尾缘边界层与翼型尾缘相互作用会引起尾缘脱落涡，而这就是产生尾缘气动噪声的主要原因。大量研究表明，尾缘噪声是风力机来气动噪声的主要来源之一。因此，尾缘噪声问题在理论原理、数值计算模型以及实验验证等方面受到了广泛的关注。

对尾缘噪声最早的实验研究起始于1973年，由UAR实验室和Sikorsky飞机公司[11]最先开始，他们在多攻角、雷诺数在$8 \times 10^5 \sim 2.2 \times 10^6$的工况下对NACA0012和0018进行了风洞声学实验，通过麦克风设备来收集尾缘噪声数据。研究表明，针对同一攻角，在较低雷诺数条件下，尾缘噪声数据可以被检测到；在较高雷诺数的条件下则很难被检测到，当雷诺数达到最高时，翼型的尾缘噪声就几乎不能够分辨出来。

Brooks[12-13]等人在NASA兰利研究中心利用QFF（Quiet Flow Facility）声学设备对NACA0012翼型进行了实验研究。他们在翼型表面安装了一系列压力传感器来监测翼型表面的压力波动，并且通过改变尾缘厚度的方法分析尾缘噪声与尾缘厚度的相关性。他们还利用COP方法比较全面的对翼型自噪声进行了实验研究，他们通过改变翼型的攻角、弦长、来流速度以及叶尖条件着重研究了尾缘噪声的变化规律。

随着风力机气动噪声研究的深入，风力机气动噪声的预测得到了快速发展，目前主要有两种噪声预测方法：一种是基于经验模型的预测方法(BPM);另一种是基于计算气动声学与计算流体力学方法(FW-H/CFD)。第一种方法计算速度快,但计算精度较差,目前多用于工程应用。第二种方法计算精度相对高,但计算量大,目前还只能应用于基础研究。

BPM 研究现状:

Brooks 等人[14]以 NACA0012 翼型为研究对象,在大量实验及理论分析基础上,提出了一种气动噪声半经验预测方法,并将该方法命名为 BPM 模型。其利用该方法计算得到结果与 Voutsinas[9]的实验结果进行对比,发现计算结果与实验结果吻合较好,从而 BPM 模型被广泛应用于风力机叶片气动噪声预测。该方法将叶片与流体相互作用的三维无黏流动简化为叶片展向有限个数二维翼型进行计算,即单独计算叶片展向每个截面位置处二维翼型的气动噪声,最后将每部分翼型得到的噪声按一定方法叠加到一起得到叶片的总噪声。

从 BPM 模型建立至今,大量学者采用该方法对风力机叶片气动噪声进行了计算,其中包括:Voutsinas[9],1995;Fuglsang 和 Madsen[15],1996;Moriarty 和 Migliore[16],2003;Leloudas[17]等,2007;Herr[18-20]。从计算结果来看,BPM 预测结果与实验结果[9]吻合良好。另外,该模型还能较好预测翼型自噪声[8]。

大量研究表明,大部分情况下,基于 BPM 模型的计算均能较好预测翼型及风力机叶片气动噪声。但在某些特殊情况下,该方法不能得到良好结果。Moriarty 等[16]利用该方法对 NACA0012 及 S822 翼型气动噪声进行计算,并与风洞结果进行对比,发现对于 NACA0012 翼型,当雷诺数较低时,计算值与实验值吻合较好,而对于 S822 翼型,此时预测结果与实验结果相差较大。分析原因可能是半经验模型中的大量数据均是基于 NACA0012 得到的,所以对于 S822 翼型在某些工况下效果较差一些。Fuglsang 等[15]认为 BPM 模型只针对 NACA0012 气动噪声计算精度高。Lowson[21-23]为使 BPM 模型更加具有通用性,其在对 Brooks 等人的实验数据深入分析的基础上,将模型进行简化,减少了人为输入参数。Moriarty[16]等人于 2003 年提出一种湍流边界层尾缘噪声模型,被称为 TNO 模型,该模型比 BPM 模型更加复杂。湍流边界层尾缘噪声模型(TNO 模型)利用边界层参数来评估翼型两侧的尾缘噪声,其所需的边界层参数由边界层预测程序 XFOIL[24]计算获取。通过 XFOIL 计算边界层,并将其结果应用到 TNO 模型,得到的噪声预测值与采用 BPM 模型得到的预测值进行比较,研究发现,使用 XFOIL 计算边界层从而得到的噪声预测值与直接使用 BPM 模型得到的噪声预测值准确性相当,并且在某些情况采用 XFOIL 结果更优。同年,NREL(美国国家可再生能源实验室)在其 FAST(Fatigue, Aerodynamics, Structures, and Turbulence)软件[25]中加入噪声预测模块,预测层流边界层脱落涡噪声、湍流边界层尾缘噪声、湍动来流噪声、钝尾缘噪声、叶尖涡噪声、分离流噪声,噪声预测的机制采用 Moriarty 的研究成果。Moriarty 等人于 2005 年推出了 NAFNoise[26]噪声预测程序,来预测二维翼型的气动噪声。该程序不但引入 BPM 模型、TNO 湍流边界层尾缘噪声模型、Amiet 湍动来流噪声预测模型、XFOIL,还引入了 Guidati 来流湍流噪声预测方法、Guidati 来流湍流噪声简化预测方法,使用户在进行噪声预测时可以有更多的选择余地。例如,边界层模型计算时可选择 BPM 模型的边界层半经验预测方法或 XFOIL;在预测湍流边界层尾缘噪声时可选择 BPM 模型或 TNO 模型;在计算来流湍流噪声时也可有不同选择。

预测不同翼型的气动噪声非常困难,但预测特定翼型的气动参数的操作规程却是一定的。由于风洞实验数据与预测数据之间总是存在一定的不确定性,同时 Eppler 和 Xfoil 的效果也对预测数据的准确性有一定影响,基于以上原因,D. M. Somers[27]对相同翼型使用 Eppler 和 Xfoil 方法进行了理论分析。

基于湍流来流条件,在对一个单独的翼型进行风洞试验和试验数据深入分析的基础上,Amiet[28]等给出了适用于湍动来流噪声预测的半经验预测模型。Lowson[29]等在考虑风力机实际运行中旋转带来的影响的基础上修正了 Amiet 的模型。与此同时，Guidati 等[30]也对来流湍流噪声进行了修正，得到了 Guidati 来流湍流噪声预测方法；为了减少计算量，Guidati 等[31]还对湍流来流噪声预测模型进行了简化，得到了 Guidati 来流湍流噪声简化预测方法。

在预测层流边界层脱落涡时，BPM 半经验模型为脱落涡出现的范围划定了界限。对于 0°攻角，BPM 半经验模型假设当基于弦长的雷诺数达到 6×10^5 时发生涡脱落。但是，Devenport 等[32-33]、Paterson 等[34]的研究清晰地表明，涡脱落发生在雷诺数高于 BPM 半经验模型假设的雷诺数的上限值。这也说明，BPM 半经验模型是不能预测高雷诺数下层流边界层脱落涡噪声的。

BPM 模型是基于 NACA0012 翼型的风洞试验数据得到的，该翼型弦长最大为 0.3m，雷诺数为 5×10^5 到 2×10^6。而现代大型风电机组大多采用非 NACA0012 的其他翼型，并且 2m 以上的弦长很是常见，导致雷诺数大多超过 2×10^6。因此，当进行现代大型风电机组的宽频噪声预测时，由于机组叶片的翼型、雷诺数已经超过了开发 BPM 模型的弦长和雷诺数范围，导致预测准确性比较低。

大型风电机组在进行气动噪声计算时，需要考虑叶片部分区域的翼型形状具有较大的尾缘厚度，特别是叶片根部圆形区域到叶片典型的气动区域之间的过渡部分。由于这一过渡部分需要考虑轮毂，且相对流速较低，故该部分产生的噪声并不显著。但是，如果需将叶片过渡区域的噪声贡献也考虑进去，采用 BPM 模型的方法则不是合适的预测方法。因此，很有必要进一步改善半经验模型，使之能对高雷诺数和除 NACA0012 以外的翼型的噪声预测更为准确。

BPM 模型在 1989 年公开发表以后，学者们展开了一系列气动噪声风洞实验，这些实验结果为改进 BPM 模型提供了更加完整的信息数据源。Oerlemans[35]、J. van Dam 等[36]、William Devenport 等[37]在 2004—2015 年间对不同弦长、不同翼型进行了大范围的系列气动噪声风洞实验。S. Oerlemans 等[38]、Gwang-Se Lee 等[39]对风电机组进行了气动噪声研究,研究结果表明,叶片噪声主要由叶片的外部产生,并且与当地来流速度的五次方成正比(叶尖顶部除外);钝尾缘噪声并非主要噪声源,宽带尾缘噪声才是;在低速风洞测试中,随着频率增加,主要噪声源位置逐渐向叶尖方向移动,当叶片处于失速状态时,低于 2kHz 的噪声声压级更高;当湍流强度由 0.3 倍提高到 0.6 倍时,风力机产生的噪声的能量也基本变为原来的两倍,若风向与风轮不垂直,气动噪声增加得更为明显。Leonardo Antonio Errasquin[40]利用包括 NACA0012,Sandia S831、S822、S834、Delft DU96、Fx63-137 在内的多种翼型,研发了一套翼型气动噪声神经网络预测方法,并对该预测方法进行了验证。结果表明,其对湍流边界层与尾缘相互作用的宽带噪声预测表现较好,对层流边界层脱落涡噪声的预测表现不太理想,主要可能是缺乏足够的层流边界层脱落涡噪声实验数据。Tuhfe Göçmen 等[41]采用基于半经验模型的 NAFNoise、Xfoil,对小型风力机叶片常用的 Sandia S822、S834、SG6043,SH3055 及 FX63-137 等翼型进行了几何优化,主要通过优化翼型压力面及尾缘几何参数,可使优化以后的翼型具有更好的气动性并且减小了气动噪声。

由于半经验模型在计算精度、计算速度上是很好的折衷,当前仍是工程应用中采用较广的方法。随着计算资源的丰富、计算精度要求的提高和气动噪声机理研究的深入,半经验预测模型会逐渐发展,但也可能最终会向更加复杂、更基于物理的计算气动声学方法让步。例如,NREL 正在开展此方面的研究;佛罗里达州立大学(FSU)和 NASA 利用现代的计算方法分析了风电机组叶尖噪声[42]。宾夕法尼亚州立大学的研究者们[43-46]也对气动噪声的问题进行了综合研究。

在国内,研究者对于风力机叶片气动噪声半经验预测模型的研究并不多。上海理工大学的卓文涛等[47]为了优化翼型,以气动性能和气动噪声为优化的目标,建立了适用于低速翼型的多目标优化办法,其中气动噪声的评估采用 BPM 模型。重庆大学的程江涛[48]则以最佳气动性能和叶片的最低能量输出成本为优化目标,利于 Xfoil 计算边界层与 BPM 模型结合,以期得到性能高且噪声低的翼型以及叶片。上海交通大学的李应龙[49]利用 BPM 经验模型,在分析湍流强度、安装角等参数的影响的基础上,提出了预测和削弱气动噪声的办法,同时指出静态失速延迟模型对预测模结果的影响甚微,可忽略不计。汕头大学的罗文博[50]同样使用 BPM 模型,将气动性能和声学性能耦合,应用到翼型的设计当中,结合直接优化方法与流场求解程序,以期得到高气动性能、低噪声水平的适用于风力机的专用翼型。

基于声类比噪声研究现状:

1952 年,Lighthill 首先提出了关于空气动力声学的基本理论,推导出了著名的 Lighthill 方程,提出了用点源的方法来描述流体动力声源,用与经典声学相似的方法来求解流体动力声源所致的声场和声类比理论[51-52]。但是,Lighthill 方程只考虑了湍流中的四极子源,并没考虑在流体中物体的固体边界对声场的作用。

1955 年,Curle[53]采用 Kirchhoff 积分方法对 Lighthill 方程进行了扩展,得到 Curle 方程。Curle 方程将固体边界对流体的作用考虑在内。他把固体边界上的噪声源等效于其边界上分布的偶极子源和单极子源,并且每一点的偶极子源和单极子源大小分别与该点固体边界表面对其相邻流体的涨缩作用和施加力的作用有关。因此固体表面的偶极子声源和由于流体间相互作用产生的四极子声源是气动噪声的主要来源。Curle 理论只适用于流体中静止的固体表面上的求解,它没有考虑运动固体边界对流体的作用。

1969 年,Ffows Williams 和 Hawkings[54]在 Lighthill 方程的基础上,推导出了由运动物体所导致声场的 FW-H 声学波动方程,该方程适用于求解由运动部件所产生的噪声问题。对于风力机气动噪声问题,FW-H 方程为风力机叶片与周围流体互相作用所产生的气动噪声提供了一个较为精确的求解工具。通过对 FW-H 方程的分析可以看出,物体由于运动对其附近的流体会产生作用力,由于这种作用力的存在而导致的声场是由单极子源、偶极子源和四极子源共同作用产生的。虽然 FW-H 方程能够较为精确的求解声场,但如何求解该方程却是一个不太容易解决的问题。1970 年前,由于受到计算条件的限制,气动噪声的预测方法一般使用频域的方法[55]进行求解。随着计算机运算能力的提升,大家逐渐开始采用时域的方法来求解声场。

1981 年,Farassat[56]通过研究螺旋桨辐射声场,发展并完善了求解 FW-H 方程的时域方法。他利用广义格林函数积分得到了 FarasstlA 公式,从而求解得出了时域中 FW-H 方程的亚音速解和超音速解。Rahier[57]等人在此基础上,从延迟时间出发进一步完善了 FW-H 方程在时域解的形式,使得 FW-H 方程在求解运动积分网格时更加有效。

从理论上,流场和声场在本质上是一致的,其求解的控制方程均是 N-S 方程,并且可以通过求解 N-S 方程直接得到声场及流场结果。但 Lighthill 声类比理论将流场和声场分成两步来计算,这就不能解释流场和声场是怎样相互作用以及相互之间是如何影响的,同样也解释不了声音在流体中是怎样产生、怎样传递的。

Powell 在 1964 年提出了经典的涡声理论[58],该理论的提出为研究流体发声问题提供了重要的理论根据。Powell 涡声方程由流体力学中的连续方程和动量方程(假定不考虑流体黏性)推导得到。与 Lighthill 方程不同的是该理论认为:流体在低速流动工况下,只有涡出现的区域才会产生噪声,漩涡结构是产生声音的唯一来源。

Myers 等[59]在 1988 年提出了另外一种计算气动噪声的方法,他们将 Kirchhoff 方程进行推广,得到了广义 Kirchhoff 方程,进而推导出了一般形式的 Kirchhoff 公式。该方法的求解思路是:在近场区域通过欧拉方程、N-S 方程来描述;远场区域通过 K 方程来描述。其主要特点在于能够计算得到运动的物体产生的总的气动噪声。

1997 年,专家提出了一种新的气动噪声预测方法,即 K-FW-H 方法[60]。该方法通过 CFD/Kirchhoff 方法来求解 FW-H 方程,可将噪声源积分面积推广到任意可渗透曲面。

R Ewert[61]等人采用大涡模拟(LES)方法和声学扰动方程(APE)联合求解的方法对风力机尾缘噪声进行了数值模拟。先利用修正尺度的方法来预测湍流边界层;然后采用大涡模拟方法对风力机尾缘处流场进行数值模拟,进而获得尾缘处的流场信息;接着将已经获得的流场信息作为求解线性 APE 方程的初值信息对声学方程进行求解,最后求得声场信息。

2010 年,R D Sandberg,L E Jones[62]利用直接数值模拟(Direct Numerical Simulation ,DNS)对 NACA0012 翼型进行数值模拟。通过声学和水动力学的相关性确定了翼型表面的声源位置。在低雷诺数条件下,流体由层流向湍流的转捩产生的尾缘噪声要强于没有转捩发生的情况。其分析表明,尾缘噪声是主要的低频噪声来源。

Tomoaki Ikeda[63]等人采用直接噪声模拟方法,分别对 NACA0012 及 NACA0006 翼型,在低雷诺数条件下进行了计算,同时研究了不同弦长对尾缘噪声的影响。C A Albarracin[64]等人采用 URANS 方法,对某个尖尾缘翼型进行了气动噪声计算,并将计算结果与实验值进行了对比,验证了数值方法的有效性。Markus Lummer,Jan W Delfs[65]等人对 Joukowsky 对称翼型在 0°攻角时气动噪声特性进行了研究,分析了尾缘脱落涡对气动噪声的影响规律。研究发现,尾缘脱落涡与尾缘相互作用的强度明显高于线性旋涡强度,因此非线性尾缘脱落涡产生的噪声强度高于线性涡结构产生的噪声强度。L E Jones[66]等人采用直接噪声模拟方法(CAA)对 NACA0012 翼型气动噪声进行了计算,研究了翼型在四个攻角下,翼型自噪声特性。研究结果表明,在较小攻角时,翼型噪声值大于其余两个较大攻角。同时翼型气动噪声大小与尾缘脱落涡的剪切作用密切相关,尾缘脱落涡强度越大,翼型气动噪声值越大。

Oliver Fleig,Chuichi Arakawa[67]等人采用大涡模拟方法,对MELIII型风力机叶尖涡噪声进行了研究。研究发现,风力机主要噪声是尾缘噪声和叶尖涡噪声。为了比较叶尖形状对噪声的影响,分别比较了两种叶尖形状的风力机。其结果为弯曲型叶尖的噪声会更小一点。Oliver Fleig,Makoto Lida[68]对旋转风力机叶片的叶尖涡噪声进行了研究。在风力机近尾迹区域采用大涡模拟和直接噪声模拟,在风力机远尾迹区域采用声类比积分,通过求解 FW-H 方程获得声场信息。针对叶尖涡噪声,分析了实际叶尖和弯曲叶尖两种形状的叶尖。通过比较发现:弯曲叶尖的叶尖涡噪声在频率高于 4Hz 的频率范围内要比实际叶尖的叶尖涡噪声低 5dB,从而说明叶尖的形状对叶尖涡噪声影响很大。Olivier Marsden,Chrisuophe Bogey[69]等人采用大涡模拟方法,分别对二维翼型及三维翼型段表面边界层转捩进行了研究,准确预测了边界层转捩位置,且翼型气动噪声预测较为准确。

国内汪建文等人[70]通过实验方法和模拟方法,对小型水平轴风力机的辐射噪声进行了研究,研究了叶片近尾迹区气动噪声的变化规律。同时结合涡声理论,对叶尖涡流场与叶尖噪声的产生机制的相互作用做出了较好的解释。

Min Jiang,Xiaodong Li[71-72]等人采用 CAA 方法,对翼型自噪声进行了模拟,研究了不同攻角下叶尖涡噪声特性。其结果表明,随着攻角的增加,流场中湍流强度及叶尖涡旋涡结构的尺度会逐渐增加,音调噪声(tonal noise)向低频移动,并且逐渐表现为宽频特征。

湍动来流噪声是一种宽频噪声,由叶片与来流的紊流流动相互作用所引起。影响该类气动噪声的主要因素是叶片的旋转速度、叶片翼型的截面及湍流流动的强度等。

在研究湍流来流噪声中,一部分学者研究了圆柱与翼型相互干涉时,翼型气动噪声问题,这类问题可以归结为来流湍流强度对翼型气动噪声的影响问题。Y Takagi[73]等和 N Fujisawa[74]等人采用实验方法,利用 PIV 对圆柱/翼型干涉噪声以及翼型自噪声进行了研究,分析了圆柱扰流翼型以及翼型的流场及气动噪声特点。研究发现,圆柱扰流翼型产生的干涉噪声高于无圆柱扰流翼型,翼型边界层转捩是引起噪声的主要原因。Marc C Jacon,Boudet[75] 等和 Greschner[76] 等采用 URANS、LES 以及 DES 方法,研究了圆柱及翼型(NACA0012)相互干涉时,翼型气动噪声特性,研究发现,DES 方法与 FW-H 方程相结合的气动声学数值模拟方法可以更好地获得复杂流场的声学信号。另外,Jean-Christophe Giret[77] 等也采用 LES 方法,研究了圆柱/翼型非定常干涉流场,研究结果表明,翼型弦长和圆柱/翼型的排列方式两个参数对噪声影响较大。Jacob[78] 等人采用 PIV 技术,对圆柱及 NACA0012 翼型非定常流场进行了观测。实验结果表明,圆柱下游卡门涡街与翼型前缘的相互作用是翼型产生噪声的主要原因。国内江旻、李晓东[79] 等人分别采用 CFD 方法及实验方法,研究了圆柱与翼型相互干涉时,翼型气动噪声特性,分析了圆柱与翼型之间的相对位置及翼型攻角对气动噪声的影响规律。研究结果表明,圆柱下游的卡门涡街对翼型表面的压力分布有明显的影响,其主要作用在翼型前缘位置处。当圆柱横向偏移量越大,卡门涡街与翼型前缘的相互作用越弱,此时翼型的气动噪声值越小。

Philip J. Morris,Lyle N[80] 等利用计算气动声学(Computational Aeroacoustics,CAA)方法,对风力机的来流阵风、大气来流湍流以及风切变等因素产生的噪声进行了分析研究。利用包含渗透表面的 FW-H 方程,将非定常流场信息和旋转噪声进行耦合。Kirsten Ranft[81] 等人采用 CFD 方法,研究了 NREL Phase VI 风力机旋转噪声和宽带噪声特性。其研究结果表明,随着噪声监测点与风力机之间距离的增加,风力机宽带噪声下降速度比旋转噪声快得多,且宽带噪声主要体现为高频噪声。M H Mohamed[82] 采用 CFD 与声类比相结合的方法,数值研究了垂直轴风力机气动噪声特性。研究发现,随着风力机叶尖速比的逐渐增加,风力机产生的气动噪声值越大。Marcus[83]等人采用实验方法,研究了水平轴风力机叶片与塔架的干涉时产生的气动噪声特性。研究发现,叶片与塔架干涉产生的低频噪声值大小与叶片旋转速度、塔架的阻尼系数等因素密切相关。Rogers[84]等人采用实验方法,研究了来流湍流度对小型风力机气动噪声的影响。研究发现,随着来流湍流度的逐渐增加,风力机的气动噪声值明显增加。说明来流湍流度对风力机气动噪声影响较大。A Tadamasa,M Zangeneh[85]也采用CFD方法对水平轴风力机(Phase VI)进行了数值模拟,研究了不同来流风速时风力机气动噪声规律。

声类比方法能够较为精确的描述声源细节,但是对于气动噪声的计算,对网格的尺度要求很高,因此对于多尺度问题的计算上还存在着一定的难度。不过,随着计算方法的改进和计算机计算能力的提高,声类比将会成为研究风力机气动噪声的主要手段。

1.2.3　叶片降噪方法研究现状

国外学者对于风电机组气动噪声消减的研究开始较早,研究也较为深入,不仅进行了风洞实验和数值模拟研究,还进行了现场测试研究,促进了风电机组降噪技术的推广应用。

早在1991年,Howe[86−87]便对低马赫数湍流流动条件下的锯齿尾缘翼型降噪技术进行了研究。在研究过程中,他采用一个水平平板来表示攻角为零情况时的翼型,来流条件为均匀来流,分别对弦长较长和弦长较短的锯齿尾缘翼型进行了实验研究和数值模拟,研究表明锯齿的高宽比越小,降噪效果越明显。Oerlemans[88−89]等人对锯齿尾缘的降噪效果进行了现场测试研究,研究对象是一台直径94m的3叶片风电机组,其中一个叶片是标准叶片,一个是经过翼型优化后的叶片,另外一个是加装了锯齿尾缘的叶片;他们在距离风电机组1倍风轮直径的地方架设了一套麦克风阵列来测量整个风轮平面上的噪声分布。实验结果表明,经过翼型优化后的叶片和加装锯齿尾缘的叶片在低频段都有明显的降噪效果,锯齿尾缘的降噪效果更好,噪声降低达 3.2dB。Gruber[90]等人在 ISVR's 风洞中对加装锯齿尾缘的 NACA65210 翼型进行了风洞实验研究,在研究过程中,他们分别考虑了定常来流和非定常来流对锯齿尾缘的影响。研究结果表明,在中低频段范围内,加装锯齿尾缘的翼型能够使噪声降低 5dB,但在一定临界频率以上,加装锯齿尾缘反而会使翼型噪声增加。

Matthew[91]对风力机叶片后缘噪声降低技术研究进行了综述,风电机组转子气动噪声主要来源于叶片后缘与湍流边界层间的相互作用;常用的风电机组降噪方法包括加装锯齿尾缘、在尾缘处加装毛刷和设计多孔尾缘等,并对这些降噪方法的空气动力学特性进行了阐述。Herr 和 Dobrzynski[92]在风洞中对加装毛刷的平板进行了风洞测试,测量结果表明,在一定的频率范围内,通过加装毛刷可使噪声降低 2~14dB。随后,Herr[93]又对加装毛刷的 NACA0012 翼型进行了风洞实验,实验结果表明,毛刷可使翼型噪声降低 2~10dB,对于钝尾缘噪声,在实验过程中其噪声基本上被消除。Wasala[94]等人提出利用环形截面方法对风电机组叶片的噪声进行数值预测,并根据预测结果来修改叶片的几何形状。通过数值模拟可知,改进后的叶片噪声明显降低。

Wolf[95]等人认为尾缘噪声是风电机组噪声的主要来源,为此,他们提出了一种主动控制方法来降低尾缘噪声,该主动控制方法通过对产生尾缘噪声的边界层进行处理,减少尾缘与湍流环境间的相互作用,从而减少尾缘噪声。

在国内,汪泉[96]等人建立了低噪声翼型优化设计数学模型,提出了在设计攻角情况下,以升阻比与噪声比值最大为目标函数的优化模型,并对优化后的新翼型 CQU-DTU-B18 翼型与 NACA-64-618 翼型在相同的风洞实验及风速条件下进行了噪声对比分析。结果表明 CQU-DTU-B18 翼型比 NACA-64-618 翼型具有更低的噪声特性,从而验证了该设计方法的可行。刘沛清[97]等人根据吹气边界层流动控制的特点,探索了前缘缝翼流动控制和减噪技术,并利用 FLUENT 软件对多段翼型进行数值模拟。模拟结果表明了应用缝翼吹气技术可在相同迎角下获得更高的升力系数,且能减小缝翼缝道内的分离,降低角涡引起的噪声。仝帆[98]等人利用大涡模拟与声类比的方法研究了尾缘锯齿对翼型自噪声的影响,研究发现锯齿尾缘可以明显降低翼型中低频范围内的噪声。在 4000Hz 以下,窄带噪声最多可降低约 16dB,并且该翼型噪声主要由层流边界层引起的涡脱落噪声主导,尾缘锯齿可以抑制层流边界层引起的涡脱落现象,降低翼型升力脉动与尾缘附近的表面压力脉动,从而使得翼型自噪声降低。

李海涛[99]等人从噪声声源、噪声的传播途径及噪声接收者等三方面着手减少风电机组叶片噪声,他们指出:叶片结构振动噪声和空气动力噪声,可通合理调节过风电机组的频率和转速来降低;通过在叶片上安装叶尖小翼、扰流器或后缘锯齿等改善气动效果,减少噪声的产生;另外,可通过阻尼减振降噪控制和噪声传播中的隔声降噪控制作为风电机组噪声治理的重要辅助手段,增强降噪效果。孙少明[100]以生物耦合特征研究为基础,借助逆向工程等手段,建立了长耳鸮体表耦合仿生消声系统模型和耦合仿生吸声系统模型,并对长耳鸮翼耦合仿生消声模型进行了有限元模拟分析,为解释长耳鸮翼消声降噪机理提供了理论依据。依据生物耦合降噪特征,设计风机耦合降噪典型部件,并将降噪典型部件应用于风机系统并进行测试分析,结果表明了耦合降噪系统应对于风机气动噪声的控制是可行的。

代元军[101-103]等以 S 系列新翼型水平轴风力机为研究对象,利用声阵列法对 S 系列翼型风力机的近尾迹区域声场噪声分布和传播规律进行了实验研究。对不同尖速比下的 S 系列翼型水平轴风电机组风轮下游进行噪声测试,并对最大声压进行了分级分析,结果表明:风轮在旋转过程中,风电机组风轮下游同一截面不同尖速比下噪声最大声压级的分布规律是在测试截面上由圆心沿半径增大的方向依次经过 3 个压力脉动变化强烈的区域,他们的研究进一步揭示了风电机组气动噪声的产生机理,为噪声的消减研究提供了支撑。

通过对风电机组叶片翼型的优化设计来降低噪声,是风电机组噪声消减的重要研究手段之一。赵华[104]等人考虑风电机组运行状态、来流风速对气动噪声的影响,基于传统气动声学理论,建立了风电机组叶片气动噪声计算修正模型,并利用 MATLAB 编程工具对气动噪声进行时域分析;绘制了风电机组叶片气动噪声的声压时间序列图,为开发低噪声风电机组叶片提供了理论依据。刘雄[105]为了获得高升阻比、低噪声水平的风电机组翼型,将气动噪声引入到风电机组专用翼型的设计中。为评价翼型气动噪声水平,对翼型自身噪声进行讨论和研究,应用 NASA 翼型自身噪声模型进行建模。采用型函数扰动法对翼型廓线进行表示,以翼型自身噪声水平作为优化目标,将气动特性作为性能约束,建立翼型的优化设计模型,计算结果表明了该方法的可行性。

程江涛[106]等人基于翼型型线和噪声预测理论,提出以风力机设计运行攻角范围内平均效噪比为设计目标来指导翼型设计的新方法,并建立翼型的优化设计模型。选取相对厚度为21%的翼型进行了优化计算分析,计算结果证明了该优化方法的实用性。李仁年[107]等采用有限元法的 SIMPLE 算法,对 NACA4412 翼型、加装 2% 弦长 Gurney 襟翼的 NACA4412 翼型及对应尾缘厚度为 2% 弦长的钝尾缘翼型进行了数值计算,计算结果表明,翼型噪声具有很强的指向性,改进后的翼型声级有明显降低,为低噪声风力机的优化设计和噪声预测提供了可靠的理论依据。

通过在叶片增加锯齿尾缘来降低噪声是风电机组降噪的一种主要手段。为此,薛伟诚[108]围绕风电机组叶片的降噪展开实验研究,在风洞内对不同翼型的锯齿尾缘降噪进行风洞实验。其研究表明:当翼型加上锯齿尾缘后,声功率谱在中高频的宽频带内降低了 3~6 dB;随着 Re 的增加,降噪的频率区间会向高频移动,其宽度稍有增加,大致位于 $0.5 < St < 1$ 内;对不同的翼型,攻角对锯齿降噪规律的影响有相似之处,但不完全一致。许影博[109]等利用具有全消声环境的低速开口风洞研究了锯齿尾缘对

翼型噪声的控制方法,重点研究了不同攻角情况下不同锯齿形状对翼型远声场气动噪声的影响以及翼型表面压力的影响。实验结果表明翼型尾缘附加锯齿是一种可行的降噪方案,尤其对中低频段的远场气动噪声有比较明显的降噪效果。

上述学者对风电机组降噪方法进行了深入研究,研究方法包括了数值模拟、风洞实验和现场测试等。他们的研究成果促进了风电机组噪声的降低,提高了风电开发利用范围。

1.3 研究内容与本书结构

1.3.1 研究内容

(1) 以 DU97-W-300-flatback 翼型为例,分别采用 BPM 和 CFD/FW-H 方法研究了翼型气动噪声特性,并将计算结果与实验结果进行比较,验证了 BPM 模型和 CFD/FW-H 模拟结果的可信度。

(2) 以 DU97-W-300-flatback、DU97-W-300 翼型为例研究了来流攻角、尾缘厚度对翼型气动噪声的影响。

(3) 以 DU97-W-300、DU00-W-401 翼型为例,研究了涡发生器对翼型气动噪声的影响。

(4) 以某 2MW 风力机叶片为研究对象,研究了叶片气动噪声特性以及三种涡发生器结构(三角形、梯形、矩形)对叶片气动噪声的影响。

1.3.2 本书结构

第 2 章主要对本书工作所采用的数值方法进行了简要介绍,包括流场计算的控制方程、湍流计算方法等。同时还介绍了噪声计算的控制方程及噪声计算方法等。

第 3 章主要研究了翼型气动噪声特性及翼型降噪方法。3.2
节以 DU97-W-300-flatback 大厚度翼型为研究对象,研究了 BPM
模型及三种湍流计算方法(URANS、DES、LES)对翼型气动噪声
计算结果的影响。3.3 节以 DU97-W-300-flatback 大厚度翼型为
研究对象,研究了来流攻角对翼型气动噪声的影响。3.4 节以
DU97-W-300-flatback、DU97-W-300 两个翼型为研究对象,研究
了翼型尾缘厚度对翼型气动噪声的影响。3.5 节以 DU97-W-
300、DU00-W-401 翼型为例,研究了涡发生器对翼型气动噪声的
影响。

第 4 章主要研究了叶片气动噪声特性及降噪方法。4.2 节以
某 2MW 风力机叶片 5 个叶展位置处的典型厚度翼型为研究对
象,研究了不同厚度翼型的气动噪声特性。4.3 节以某 2MW 风
力机叶片为研究对象,研究了洁净叶片气动噪声特性。4.4 节以
某 2MW 风力机叶片为研究对象,研究了三种涡发生器结构(三
角形、梯形、矩形)对叶片气动噪声的影响。

第 5 章对本书中的工作进行了总结。

第 2 章　气动噪声的数值模拟方法

2.1　引言

风电机组叶片气动噪声问题本质上是流体力学问题。随着计算机技术和计算流体力学（CFD）的发展，基于 CFD 模拟的气动噪声模拟方法得到了很大发展。同时，在工程应用中，以 BPM 模型为代表的工程经验模型，以其快速计算的特性仍在工程领域中广泛使用。在本书中，通过典型算例对两种方法进行了比较。本章主要介绍本书中采用的经验模型和数值方法。

2.2　声学基础

2.2.1　声学概念

2.2.1.1　声波的产生

声音是由物体振动产生的声波，通过介质（如气体、液体、固体等）传播并能被人或动物听觉器官所感知的波动现象。最初发出振动的物体称为声源。

物理学上，变化无规则的振动产生的声音，一般称为噪声。其振幅、频率等声学特性不规律，较为杂乱。环境学将凡是干扰正常工作、生活、学习的声音都统称为噪声。

2.2.1.2　声波的特征参数

声音是一种机械波。波长 λ、频率 f 和周期 T 是其基本参数。在声波中，取两个相邻的同相位点，它们之间的距离称为波长，单位为米（m）。声波频率单位是赫兹（Hz）。完成一次完整的振动所需要的时长称为周期，单位是秒（s）。频率 f 和周期 T 满足以下关系：

$$f = \frac{1}{T} \tag{2-1}$$

声音在介质中传播的速度称为声速，用 c_0 表示。

声速 c_0 和频率 f（或周期 T）及波长 λ 的关系如下：

$$\lambda = c_0 T = \frac{c_0}{f} \tag{2-2}$$

2.2.1.3 声压、有效声压

声压是由于声波的传播对空气进行交替的压缩和膨胀而形成的压力脉动。对于空间的某一点，设初始压强为 p_0（静压强），在声波作用下的压强为 p'，两者之差定义为该点的声压 p（N/m²或 Pa），即 $p = p' - p_0$。由于声波传播具有周期性，该点的声压与时间相关，因此声压的数值有正有负。为了描述方便，通常采用有效声压 p_e，其定义为瞬时声压 p 在时间 T 内的均方根，即

$$p_e = \sqrt{\frac{1}{T} \int_0^T p^2(t) \, \mathrm{d}t} \tag{2-3}$$

有效声压的数值均为正值。当未加说明时，声压均为有效声压。

2.2.1.4 声能、声功率、声强

由于声波在空气中传播，空气微团获得的能量称为声能。其包括两部分：一是空气质点在平衡位置往复波动使空气微团具有一定的动能；二是空气不断周期性地被压缩和膨胀，使得空气微团具有一定的势能。声源在单位时间内向外辐射的声能称为声功率。取垂直于声波传播方向的面积 S，在单位时间内通过该面积的声能量的平均值称为平均声功率 $\overline{W}$ 可表示为

$$\overline{W} = \frac{\overline{\omega} \times (c_0 t \times S)}{t} = \overline{\omega} c_0 S \tag{2-4}$$

式中，$\overline{\omega}$ 为平均声能密度，$\overline{\omega} = \dfrac{p_e^2}{\rho_0 c^2}$，$\rho_0$ 为空气的密度；c_0 为声速。

单位面积上的平均声能，称为声强 $I(\text{W/m}^2)$：

$$I = \frac{\overline{W}}{S} = \overline{\omega} c_0 = \frac{p_e^2}{\rho_0 c_0^2} \times c_0 = \frac{p_e^2}{\rho_0 c_0} = p_e u_e = \rho_0 c_0 u_e^2 \tag{2-5}$$

在表征声音的大小时，既可以使用声压，也可以使用声强。

2.2.1.5　声强级、声压级、声功率级

由于不同的人对声音大小的感知具有相对性，因此通常采用声强或者声压相对于某标准声强或声压的相对值来表示声音的强弱，即声强级和声压级。

声强级 L_I 定义为声强 I 与基准声强 I_0 之比的常用对数，单位为贝尔(B)。而在实际使用过程中，通常使用分贝(1B＝10dB)更为方便，即

$$L_I = \lg \frac{I}{I_0}(\text{B}) = 10\lg \frac{I}{I_0}(\text{dB}) \tag{2-6}$$

由式(2-5)可知，声强正比于 p_e^2，因此以式(2-7)来定义声压级 L_p

$$L_p = \lg \frac{p_e^2}{p_0^2}(\text{B}) = 10\lg \frac{p_e^2}{p_0^2}(\text{dB}) = 20\lg \frac{p}{p_0}(\text{dB}) \tag{2-7}$$

式(2-5)及式(2-6)中的基准声强 I_0 取 $10^{-12}\,\text{W/m}^2$，而式中的基准声压 p_0 取 $2 \times 10^{-5}\,\text{Pa}$，为正常人耳对 1 千赫声音刚刚能觉察其存在的声压值。

与声强级和声压级的定义类似，声功率级定义如下式所示

$$L_W = \lg \frac{W}{W_0}(\text{B}) = 10\lg \frac{W}{W_0}(\text{dB}) \tag{2-8}$$

基准声功率 W_0 在空气中取 $10^{-12}\,\text{W}$。

2.2.1.6　声波的叠加

存在多个声源时，空间某一点的总的声压级可以通过声波的

叠加获得：

由 $L_p = 10\lg\dfrac{p_e^2}{p_0^2}$ 可知 $\dfrac{p_{e1}^2}{p_0^2} = 10^{L_{p1}/10}$，$\dfrac{p_{e2}^2}{p_0^2} = 10^{L_{p2}/10}$，而

$$L_p = 10\lg\frac{p_e^2}{p_0^2} = 10\lg\frac{p_{e1}^2 + p_{e2}^2}{p_0^2} = 10\lg\left(\frac{p_{e1}^2}{p_0^2} + \frac{p_{e2}^2}{p_0^2}\right) \qquad (2\text{-}9)$$

即 $$L_p = 10\lg(10^{L_{p1}/10} + 10^{L_{p2}/10}) \qquad (2\text{-}10)$$

式中，L_{p1}、L_{p2} 分别为 1、2 两个声源单独存在时的声压级，dB；L_p 为 1、2 两个声源叠加时在该点的声压级，dB。

2.2.1.7　噪声的频谱

如果一个声音只由单一的频率构成，这个声音则称为纯音。然而一般的声音都不是纯音，而是由多种频率的声音组成。对于非纯音的声信号，以声压级（或者其他幅值参数）或相位为纵坐标，以频率为横坐标，做出相应分布图，称为声信号的频谱。频谱分为：离散谱和连续谱，如图 2-1(a)、(b)所示。

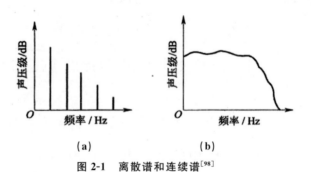

(a)　　　　　　　　(b)

图 2-1　离散谱和连续谱[98]

Fig. 2-1　Discrete spectrum and continuous spectrum

2.2.1.8　单极子源、偶极子源和四极子源

莱特希尔的声类比理论采用点源来描述流体声源。根据发声机制的不同，将流体的声源分为三种：单极子源、偶极子源和四极子源。

单极子源：由于物体运动使得其边界上的流体产生周期性的压缩或者膨胀而产生的声源，类似于经典声学中的脉动球源。考

虑到运动物体表面结构及形状的复杂性,通常把物体表面上形状不同、厚度不同的多种声源理想假设为若干个单极子源组成的声源面。它的主要特点是:纯径向的运动方式,产生的声波阵面是同相位的,指向性图是一个对称的圆球。

偶极子源:因为物体的运动而引起物体表面作用力的变化,从而对其边界上流体产生脉动的推力作用,通常把由于这种原因所引起的声源理想假设是为经典声学中的振动球源。同样,考虑到运动物体表面结构及形状的复杂性,通常把物体表面上形状不同、厚度不同的声源理想假设为若干个点源构成。由于这种点源是因为物体表面的作用力产生的,所以通常把这种点源定义为起伏力源,称之为偶极子源。它可以假设是由两个单极子源构成。其主要特征是:存在静动量、声场指向性为"8"字形。

四极子源:四极子源是由两个具有相等强度、相反相位且距离较近的偶极子叠加构成。也就是说,四极子源是由一对力源构成,由偶极子的定义可知,只有固体对流体的作用力才会产生一对力源,所以很显然只有是一对流体与流体之间的相互作用力才会产生两对力源。因此四极子源是由于流体与流体相互作用产生的。它的声场指向性为"四瓣"型。

风力机叶片对空气的压缩和膨胀效应很小,其发声机制主要为叶片表面与流体相互作用。因此,风力机叶片的噪声源主要为偶极子源。这主要是因为叶片受到周围流体的压力,而且叶片所受的压力与它对流体产生的作用力为一对相互作用力,正是由于这对作用力的存在导致了偶极子的产生。

2.2.2 翼型噪声分类

翼型自噪声是风力机气动噪声的主要来源,这是由于叶片与紊态来流相互作用引起气流波动而产生的噪声。翼型自噪声包括五项:湍流边界层尾缘噪声、分离流噪声、层流边界层尾缘脱落涡噪声、钝尾缘噪声、叶尖涡噪声。下面根据经典 BPM 模型,对以上各项噪声的形成机理和计算方法进行简要阐述。

2.2.2.1　湍流边界层尾缘噪声

对于某一特定的工况条件(攻角、雷诺数),气流在翼型表面的某处将发生从层流到湍流边界层的转捩现象,在翼型表面,由于湍流压力波动的存在,边界层流体与翼型的尾缘相互作用而产生的噪声称之为湍流边界层尾缘噪声,如图 2-2 所示。对于高雷诺数、低攻角的工况条件,吸力面湍流边界层尾缘噪声、压力面湍流边界层尾缘噪声是高频噪声的主要声源,对风力机的总体噪声水平影响比较大。

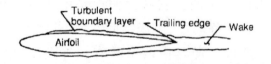

图 2-2　湍流边界层尾缘噪声[16]

Fig. 2-2　Turbulent boundary layer trailing edge noise

湍流边界层尾缘噪声级(dB)SPL_p、SPL_s(压力面和吸力面)可分别表示为

$$SPL_p = 10\lg\left(\frac{\delta_p^* (Ma)^5 L \overline{D}}{r_e^2}\right) + A\left(\frac{St_p}{St_1}\right) + (K_1 - 3) + \Delta K_1$$

$$(2\text{-}11)$$

$$SPL_s = 10\lg\left(\frac{\delta_s^* (Ma)^5 L \overline{D}}{r_e^2}\right) + A\left(\frac{St_s}{St_1}\right) + (K_1 - 3) \quad (2\text{-}12)$$

上式中的斯特劳哈数:

$$St_p = \frac{f\delta_p^*}{v_r} \tag{2-13}$$

$$St_s = \frac{f\delta_s^*}{v_r} \tag{2-14}$$

$$St_1 = 0.02(Ma)^{-0.6} \tag{2-15}$$

$$St_{avg} = \frac{St_1 + St_2}{2} \tag{2-16}$$

$$St_2 = St_1 * \begin{cases} 1 & (\alpha < 1.33°) \\ 10^{0.0054(\alpha-1.33)^2} & (1.33° \leqslant \alpha \leqslant 12.5°) \\ 4.72 & (12.5° < \alpha) \end{cases} \quad (2\text{-}17)$$

式中，α 为攻角；f、v_r 分别为噪声的频率和来流相对风速。

首先定义 A_{min} 和 A_{max} 如下，根据 A_{min} 和 A_{max} 可以通过插值的方式获得谱形状函数 A：

$$A_{min}(a_1) = \begin{cases} \sqrt{67.552-886.788a_1^2}-8.219 & (a_1 < 0.204) \\ -32.665a_1+3.981 & (0.204 \leqslant a_1 \leqslant 0.244) \\ -142.795a_1^3+103.656a_1^2-57.757a_1+6.006 & (0.244 < a_1) \end{cases}$$

$$(2\text{-}18)$$

$$A_{max}(a_1) = \begin{cases} \sqrt{67.552-886.788a_1^2}-8.219 & (a_1 < 0.204) \\ -15.901a_1+1.098 & (0.204 \leqslant a_1 \leqslant 0.244) \\ -4.669a_1^3+3.491a_1^2-16.699a_1+1.149 & (0.244 < a_1) \end{cases}$$

$$(2\text{-}19)$$

式(2-18)、式(2-19)中，

$$a_1 = |\lg(St/St_{peak})| \quad (2\text{-}20)$$

式(2-110)中，St 分别取 St_p、St_s，而 St_{peak} 分别取 St_1、St_{avg}。为了表示 A，引入基于雷诺数的变量 a_0 到插值计算当中，而 a_0 取值公式如下：

$$a_0 = \begin{cases} 0.57 & (Re < 9.52 * 10^4) \\ (-9.57 * 10^{-13})(Re-8.57 * 10^5)^2+1.13 & (9.52 * 10^4 \leqslant Re \leqslant 8.57 * 10^5) \\ 1.13 & (8.57 * 10^5 < Re) \end{cases}$$

$$(2\text{-}21)$$

定义插值因子 $A_R(a_0)$ 为

$$A_R(a_0) = \frac{-20-A_{min}(a_0)}{A_{max}(a_0)-A_{min}(a_0)} \quad (2\text{-}22)$$

至此，可以得到式(2-11)和式(2-12)中 A 的计算公式：

$$A(a_1) = A_{min}(a_1)+A_R(a_0)[A_{max}(a_1)-A_{min}(a_1)] \quad (2\text{-}23)$$

同时，修正因子 K_1、ΔK_1 与雷诺数的关系如下：

$$K_1 = \begin{cases} -4.31\lg(\mathrm{Re}) + 156.3 & (\mathrm{Re} < 2.47 * 10^5) \\ -9\lg(\mathrm{Re}) + 181.6 & (2.47 * 10^5 \leqslant \mathrm{Re} \leqslant 8 * 10^5) \\ 128.5 & (8 * 10^5 < \mathrm{Re}) \end{cases}$$

$$(2\text{-}24)$$

$$\Delta K_1 = \begin{cases} \alpha [1.43\lg(R_{\delta_p^*}) - 5.29] & (R_{\delta_p^*} \leqslant 5000) \\ 0 & (5000 < R_{\delta_p^*}) \end{cases} \quad (2\text{-}25)$$

式中，$R_{\delta_p^*}$ 为雷诺数，该雷诺数在计算时采用的特征长度为 δ_p^*。

取临界攻角为 12.5°（通常情况下），当攻角大于这一临界值时，此时湍流边界层噪声影响较小，计算公式可表示如下：

$$SPL_p = -\infty \qquad (2\text{-}26)$$

$$SPL_s = -\infty \qquad (2\text{-}27)$$

2.2.2.2 分离流噪声

如图 2-3 所示，当缓慢增加攻角，翼型吸力面边界层内流体不规则运动加剧，气流的不稳定性增强，发生分离，从而产生噪声。当叶片完全失速时，湍涡尺度较大，此项噪声会成为声源中较为主要的一项。

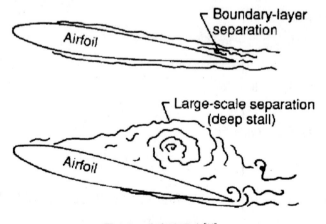

图 2-3 分离流噪声[16]

Fig. 2-3 Separated flow noise

分离流噪声（dB）SPL_α 经验公式如下：

$$SPL_\alpha = 10\lg\left(\frac{\delta_s^*(Ma)^5 L\overline{D}}{r_e^2}\right) + B'\left(\frac{St_s}{St_2}\right) + K_2 \quad (2\text{-}28)$$

为求解谱形状函数 B'，首先定义 $B'_{\min}$ 和 $B'_{\max}$ 如下：

$$B'_{\min}(b_1) = \begin{cases} \sqrt{16.888 - 886.788b_1^2} - 4.109 & (b_1 < 0.13) \\ -83.607b_1 + 8.138 & (0.13 \leqslant b_1 \leqslant 0.145) \\ -817.81b_1^3 + 355.21b_1^2 - 135.024b_1 + 10.619 & (0.145 < b_1) \end{cases}$$

$$(2\text{-}29)$$

$$B'_{\max}(b_1) = \begin{cases} \sqrt{16.888 - 886.788b_1^2} - 4.109 & (b_1 < 0.10) \\ -31.33b_1 + 1.854 & (0.10 \leqslant b_1 \leqslant 0.187) \\ -80.541b_1^3 + 44.174b_1^2 - 39.381b_1 + 2.344 & (0.187 < b_1) \end{cases}$$

$$(2\text{-}30)$$

$$b_1 = |\lg(St_s/St_2)| \quad (2\text{-}31)$$

引入与雷诺数有关的变量 b_0：

$$b_0 = \begin{cases} 0.3 & (Re < 9.52*10^4) \\ (-4.48*10^{-13})(Re - 8.57*10^5)^2 + 0.56 & (9.52*10^4 \leqslant Re \leqslant 8.57*10^5) \\ 0.56 & (8.57*10^5 < Re) \end{cases}$$

$$(2\text{-}32)$$

插值因子 $B'_R(b_0)$ 定义为

$$B'_R(b_0) = \frac{-20 - B'_{\min}(b_0)}{B'_{\max}(b_0) - B'_{\min}(b_0)} \quad (2\text{-}33)$$

至此，式(2-28)中 B' 的可表示为

$$B'(b_1) = B'_{\min}(b_1) + B'_R(b_0)[B'_{\max}(b_1) - B'_{\min}(b_1)]$$

$$(2\text{-}34)$$

而式(2-28)修正因子 K_2 满足如下关系：

$$K_2 = K_1 + \begin{cases} -1000 & (\alpha < \gamma_0 - \gamma) \\ \sqrt{\beta^2 - (\beta/\gamma)^2(\alpha - \gamma_0)^2} + \beta_0 & (\gamma_0 + \gamma < \alpha) \\ -12 & (\gamma_0 - \gamma \leqslant \alpha \leqslant \gamma_0 + \gamma) \end{cases}$$

$$(2\text{-}35)$$

$$\begin{cases} \gamma = 27.094Ma + 3.31 \\ \gamma_0 = 23.43Ma + 4.651 \\ \beta = 72.65Ma + 10.74 \\ \beta_0 = -34.19Ma - 13.82 \end{cases} \quad (2\text{-}36)$$

当攻角大于攻角的临界值 12.5° 时，分离流噪声较强，此时计算公式可用以下式子来进行表示：

$$SPL_a = 10\lg\left(\frac{\delta_s^* (Ma)^5 L\,\overline{D}}{r_e^2}\right) + A'\left(\frac{St_s}{St_2}\right) + K_2 \quad (2-37)$$

式中，A' 是与 A 类似的谱形状函数，但 A' 的计算公式中的雷诺数应取为实际雷诺数值的三倍。

2.2.2.3　层流边界层尾缘脱落涡噪声

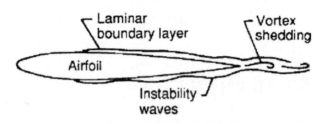

图 2-4　层流边界层脱落涡噪声[16]

Fig. 2-4　Laminar boundary layer shed vortex noise

如图 2-4 所示，翼型表面（压力面和/或吸力面）边界层为层流状态下，从尾缘处产生的脱落涡作环状运动，从而产生噪声，该噪声是翼型自身噪声的一部分。对于大多数当前风力机来说，这类噪声可能不是主要的噪声源，层流边界层尾缘脱落涡噪声级水平(dB)SPL_l 记为

$$SPL_l = 10\lg\left(\frac{\delta_p (Ma)^5 L\,\overline{D}}{r_e^2}\right) + G_1\left(\frac{St'}{St'_{peak}}\right) + G_2\left(\frac{Re}{(Re)_0}\right) + G_3(\alpha)$$

$$(2-38)$$

相应的 St'、St'_{peak} 斯特劳哈数定义如下：

$$St' = \frac{f\delta_p}{v_r} \quad (2-39)$$

$$St'_{peak} = 10^{-0.04a}St'_1 \quad (2-40)$$

$$St'_1 = \begin{cases} 0.18 & (Re < 1.3*10^5) \\ 0.001756 & (1.3*10^5 \leqslant Re \leqslant 4.0*10^5) \\ 0.28 & (4.0*10^5 < Re) \end{cases} \quad (2-41)$$

对于谱形状函数 G_1、G_2 和 G_3 公式如下：

$$G_1(e) = \begin{cases} 39.8\lg(e) - 11.2 & (e \leqslant 0.5974) \\ 98.409\lg(e) + 2.0 & (0.5974 < e \leqslant 0.8545) \\ -5.076 + \sqrt{2.484 - 506.25(\lg(e))^2} & (0.8545 < e \leqslant 1.17) \\ -98.409\lg(e) + 2.0 & (1.17 < e \leqslant 1.674) \\ -39.8\lg(e) - 11.12 & (1.674 < e) \end{cases}$$

$$(2\text{-}42)$$

$$e = |St'/St'_{peak}| \qquad (2\text{-}43)$$

$$G_2(d) = \begin{cases} 77.852\lg(d) + 15.328 & (d \leqslant 0.3227) \\ 65.188\lg(d) + 9.125 & (0.3237 < d \leqslant 0.5689) \\ -144.052(\lg(d))^2 & (0.5689 < d \leqslant 1.7579) \\ -65.188\lg(d) + 9.125 & (1.7579 < d \leqslant 3.0889) \\ -77.852\lg(d) + 15.328 & (3.0889 < d) \end{cases}$$

$$(2\text{-}44)$$

式中，d 仅取决于攻角、雷诺数的值，满足以下条件：

$$d = \text{Re}/(\text{Re})_0 \qquad (2\text{-}45)$$

$$(\text{Re})_0 = \begin{cases} 10^{0.215\alpha + 4.978} & (\alpha \leqslant 3.0°) \\ 10^{0.120\alpha + 5.263} & (3.0° < \alpha) \end{cases} \qquad (2\text{-}46)$$

引入 G_3 满足如下公式，G_3 仅与攻角有关：

$$G_3(\alpha) = 171.04 - 3.03\alpha \qquad (2\text{-}47)$$

2.2.2.4 钝尾缘噪声

钝尾缘噪声的产生机理如下，由于加工的精度达不到纯尖尾缘的要求，形成钝尾缘，或者叶片在设计时人为增加尾缘厚度形成钝尾缘，流体在钝尾缘处产生连续脱落的涡，从而形成噪声，如图 2-5 所示。尾缘的几何尺寸对此项噪声的频率和幅度有重要的影响。

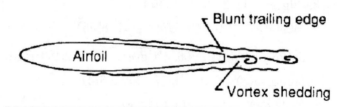

图 2-5　钝尾缘噪声[16]

Fig. 2-5　Blunt trailing edge noise

在制造加工时候,通过锐化边缘等途径,能够有效地削弱钝尾缘噪声。钝尾缘噪声级 SPL_b 噪声水平(dB)可记为

$$SPL_b = 10\lg\left(\frac{h(Ma)^{5.5}L\overline{D}}{r_e^2}\right) + G_4\left(\frac{h}{\delta_{avg}^*}, \psi\right) + G_5\left(\frac{h}{\delta_{avg}^*}, \psi, \frac{St^*}{St_{peak}^*}\right)$$

$$(2\text{-}48)$$

式中,h 为尾缘厚度;ψ 为尾缘角;G_4、G_5 都为谱形状函数。而 St''、S_{avg}^*、St_{peak}'' 计算方法如下:

$$St'' = \frac{fh}{v_r} \tag{2-49}$$

$$\delta_{avg}^* = \frac{\delta_p^* + \delta_s^*}{2} \tag{2-50}$$

$$St_{peak}'' = \begin{cases} \dfrac{0.212 - 0.0045\psi}{1 + 0.235(h/\delta_{avg}^*) - 0.0132(h/\delta_{avg}^*)^{-2}} & (0.2 \leqslant h/\delta_{avg}^*) \\ 0.1(h/\delta_{avg}^*) + 0.095 - 0.00243\psi & (h/\delta_{avg}^* < 0.2) \end{cases}$$

$$(2\text{-}51)$$

对于谱形状函数 G_4 和 G_5 有如下公式:

$$G_4\left(\frac{h}{\delta_{avg}^*}, \psi\right) = \begin{cases} 17.5\lg(\dfrac{h}{\delta_{avg}^*}) + 157.5 - 1.114\psi & (\dfrac{h}{\delta_{avg}^*} \leqslant 5) \\ 169.7 - 1.114\psi & (5 < \dfrac{h}{\delta_{avg}^*}) \end{cases}$$

$$(2\text{-}52)$$

$$G_5\left(\frac{h}{\delta_{avg}^*}, \psi, \frac{St''}{St_{peak}''}\right) = (G_5)_{\psi=0°} + 0.0714\psi[(G_5)_{\psi=14°} - (G_5)_{\psi=0°}]$$

$$(2\text{-}53)$$

$$(G_5)_{\psi=14°} = \begin{cases} m_1\eta_1 & (\eta_1 < \eta_0) \\ 2.5\sqrt{1-(\eta_1/\mu)^2}-2.5 & (\eta_0 \leqslant \eta_1 < 0) \\ \sqrt{1.5625-1194.99\eta_1^2}-1.25 & (0 \leqslant \eta_1 < 0.03616) \\ -155.543\eta_1+4.375 & (0.03616 \leqslant \eta_1) \end{cases}$$

$$(2\text{-}54)$$

式中，η_1 为 St'' 与 St''_{peak} 的比值对数。

$$\eta_1 = \lg(St''/St''_{peak}) \tag{2-55}$$

η_0 可以通过式(2-52)至式(2-54)计算得到：

$$\eta_0 = \sqrt{\frac{m_1^2\mu^4}{6.25+m_1^2\mu^4}} \tag{2-56}$$

$$k = 2.5\sqrt{1-\left(\frac{\eta_0}{\mu}\right)2}-m_1\eta_0-2.5 \tag{2-57}$$

上述两式中 μ、m_1 均与 δ_p^*、δ_s^*、h 有关：

$$\mu = \begin{cases} 0.1221 & (h/\delta_{avg}^* < 0.25) \\ -0.2175(h/\delta_{avg}^*)+0.1755 & (0.25 \leqslant h/\delta_{avg}^* < 0.62) \\ -0.0308(h/\delta_{avg}^*)+0.0596 & (0.62 \leqslant h/\delta_{avg}^* < 1.15) \\ 0.0242 & (h/\delta_{avg}^* \geqslant 1.15) \end{cases}$$

$$(2\text{-}58)$$

$$m_1 = \begin{cases} 0 & (h/\delta_{avg}^* < 0.02) \\ 68.742(h/\delta_{avg}^*)-1.35 & (0.02 \leqslant h/\delta_{avg}^* < 0.5) \\ 308.475(h/\delta_{avg}^*)-121.23 & (0.5 \leqslant h/\delta_{avg}^* < 0.62) \\ 224.811(h/\delta_{avg}^*)-69.35 & (0.62 \leqslant h/\delta_{avg}^* < 1.15) \\ 1583.28(h/\delta_{avg}^*)-1631.59 & (1.15 \leqslant h/\delta_{avg}^* < 1.2) \\ 268.344 & (h/\delta_{avg}^* > 1.2) \end{cases}$$

$$(2\text{-}59)$$

在式(2-52)到式(2-54)中，以 $(h/\delta_{avg}^*)'$ 替换 h/δ_{avg}^*，可得 $(G_5)_{\psi=0°}$，而 $(h/\delta_{avg}^*)'$ 与 h/δ_{avg}^* 有如下关系：

$$(h/\delta_{avg}^*)' = 6.724(h/\delta_{avg}^*)^2-4.019(h/\delta_{avg}^*)+1.107 \tag{2-60}$$

2.2.2.5　叶尖涡噪声

前面几项噪声均属于二维的范畴,而叶尖涡噪声(图 2-6)主要产生于叶片的尖部,产生机理属于三维范畴。在对于风力机叶片的尖部,叶片的压力面与吸力面的压力并不相同,两者的差值使得流体绕过叶尖流动,形成绕流,此绕流在叶尖尾缘造成压力波动,产生噪声。叶尖涡噪声的声压级与叶尖几何形状(方形、圆形、扁平状等)及叶尖升力曲线斜率等因素相关,该项噪声主要影响高频噪声。

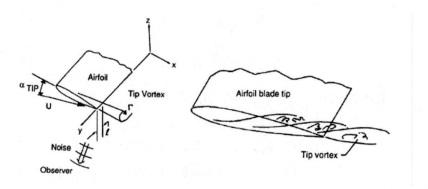

图 2-6　叶尖涡噪声[16]

Fig. 2-6　Tip vortex noise

对于形状为方形且厚度较大的叶尖而言,此类噪声声压级较大,而通过优化叶片尖部的设计能有效削弱此项噪声。叶尖涡噪声级 SPL_t 水平(dB)可以记为

$$SPL_t = 10\lg\left(\frac{(Ma)^2(Ma_{\max})^3 l^2 \overline{D}}{r_e^2}\right) - 30.5(\lg St'' + 0.3)^2 + 126$$

$$(2-61)$$

式中,l 为叶片尖部特征长度;St'' 为斯特劳哈数;$Ma_{\max}$ 为最大马赫数。而 St'' 定义为

$$St'' = \frac{f l}{v_{\max}} \qquad (2-62)$$

式中,l 是叶片尖部特征长:

$$l/c \approx 0.008 \alpha_{TIP} \qquad (2-63)$$

v_{max}是与叶尖攻角、当地声速和马赫数有关,计算公式如下:

$$v_{max} = c_0 Ma_{max} \qquad (2\text{-}64)$$

$$Ma_{max}/Ma \approx (1 + 0.036\alpha_{TIP}) \qquad (2\text{-}65)$$

式中,c_0 为当地声速。

需要注意的是,唯有满足以下前提:考虑较长的叶片展长、叶片无扭角、同时叶片无旋转(即沿叶片展长相对风速相等),方能得到上述公式。当不满足时,应修正叶尖几何攻角 α_{TIP},具体修正方法如下:

$$\alpha'_{TIP} = \lambda_{slope}\alpha_{TIP} \qquad (2\text{-}66)$$

式中,λ_{slope} 为升力曲线的斜率(叶片尖部)。

此外,Brooks 等人指出,上述叶尖涡噪声预测公式基于叶片尖部为圆形的前提而得出,而对于方形叶尖几何的情况,使用以下半经验公式对叶尖特征长度 l 进行求解:

$$l/c = \begin{cases} 0.0230 + 0.0169\alpha'_{TIP} & (0° \leqslant \alpha'_{TIP} \leqslant 2°) \\ 0.0378 + 0.0095\alpha'_{TIP} & (2° < \alpha'_{TIP}) \end{cases} \qquad (2\text{-}67)$$

2.3　控制方程

由于基于经验模型的 BPM 模型无法揭示叶片的绕流场与气动噪声的联系,因此在本书中,同时采用基于 CFD 和 Lighthill 理论的声类比方法,进行精细的声场的模拟。下面主要介绍流体力学的控制方程与声学的控制方程。

2.3.1　质量守恒方程

质量守恒是自然界基本定律之一,在一个孤立封闭系统内,系统内总质量都是保持不变的,即封闭系统中的质量不会自动消失也不会增加,这就是质量守恒定律。质量守恒方程是描述这一现象的数学表达,质量守恒方程又称为连续方程,表明微元体内质量变化率与经过微元控制体净质量流率相等。

$$\frac{\partial \rho}{\partial t} + \nabla \cdot (\rho \vec{U}) = 0 \qquad (2\text{-}68)$$

对于定常流动问题,由于各物理参数不随时间变化,则$\frac{\partial \rho}{\partial t} = 0$,质量守恒方程简化为

$$\nabla \cdot (\rho \vec{U}) = 0 \qquad (2\text{-}69)$$

2.3.2　动量守恒方程

动量守恒是指对于一个系统,如果不受外力作用,或所受外力的矢量和等于零,那么这个系统总的动量保持不变。动量守恒方程是动量守恒定律的数学表达形式。动量守恒方程又称为运动方程,其微分形式可写为

$$\frac{\partial (\rho \vec{U})}{\partial t} + \vec{U} \cdot \nabla (\rho \vec{U}) = \rho \vec{f} + \nabla \cdot [\tau] \qquad (2\text{-}70)$$

式中,$[\tau]$为应力张量;$\vec{f}$是单位流体体积的质量力。

2.3.3　Lighthill 方程

1952 年,莱特希尔在研究喷流自由湍流的声激发中推导出了著名的 Lighthill 方程,这也是今天人们认识和研究气动声学的基本方程。

由连续方程可得:

$$\frac{\partial \rho}{\partial t} + \frac{\partial \rho u_j}{\partial x_j} = 0 \qquad (2\text{-}71)$$

略掉 N-S 方程的体积力为

$$\frac{\partial (\rho u_i)}{\partial t} + \frac{\partial (\rho u_i u_j)}{\partial x_j} = -\frac{\partial p}{\partial x_i} + \frac{\partial \sigma_{ij}}{\partial x_j} \qquad (2\text{-}72)$$

式中,$\sigma_{ij} = \mu \left[\frac{\partial u_i}{\partial x_j} + \frac{\partial u_j}{\partial x_i} - \frac{2}{3} \left(\frac{\partial u_k}{\partial x_k} \right) \delta_{ij} \right]$;$\delta_{ij}$为黏性应力张量。

对式(2-72)时间求导,可得:

$$\frac{\partial^2 \rho}{\partial t^2} + \frac{\partial^2 (\rho u_j)}{\partial x_j \partial t} = 0 \tag{2-73}$$

取式(2-72)的散度得：

$$\frac{\partial^2 (\rho u_i)}{\partial x_i \partial t} + \frac{\partial^2 (\rho u_i u_j)}{\partial x_i \partial x_j} = -\frac{\partial^2 p}{\partial x_i^2} + \frac{\partial^2 \sigma_{ij}}{\partial x_i \partial x_j} \tag{2-74}$$

式(2-73)减去式(2-74)可得：

$$\frac{\partial^2 \rho}{\partial t^2} = \frac{\partial^2 \rho}{\partial x_i^2} + \frac{\partial^2}{\partial x_i \partial x_j}(\rho u_i u_j - \sigma_{ij}) \tag{2-75}$$

将式(2-75)同时减去 $c_0^2 \nabla^2 \rho$ 得：

$$\frac{\partial^2 \rho}{\partial t^2} - c_0^2 \nabla a^2 \rho = \frac{\partial^2 \rho}{\partial x_i^2} + \frac{\partial^2}{\partial x_i \partial x_j}(\rho u_i u_j - \sigma_{ij}) - c_0^2 \nabla a^2 \rho$$

$$= \frac{\partial^2}{\partial x_i \partial x_j}[\rho u_i u_j - \sigma_{ij} + \delta_{ij}(p - c_0^2 \rho)] \tag{2-76}$$

式中，c_0 为当地声速。

引入流体密度量参数、压力量参数的分解量：

$$\begin{cases} \rho' = \rho - \rho_0 \\ p' = p - p_0 \end{cases} \tag{2-77}$$

式中，ρ_0 为未扰动时的流体密度；ρ' 为流体密度的扰动量；p_0 为未扰动时的流体的压力；p' 为流体压力的扰动量。

将式(2-76)带入式(2-75)可得 Lighthill 方程：

$$\frac{\partial^2 \rho'}{\partial t^2} - c_0^2 \nabla^2 \rho' = \frac{\partial^2 T_{ij}}{\partial x_i \partial x_j} \tag{2-78}$$

式中，$T_{ij} = \rho u_i u_j - \sigma_{ij} + \delta_{ij}[(p - p_0) - c_0^2(\rho - \rho_0)]$ 为 Lighthill 湍流应力张量，湍流应力张量中第一项为由速度所致的雷诺应力、第二项为流体黏性所致的黏性应力、第三项为热传导的影响。由 Lighthill 方程可以看出，最初的方程是限于自由流动，不包含固体壁面对流体的作用。

2.3.4　FW-H方程

首先，Lighthill 给出的两个基本方程：体积元内流体质量守

恒的连续性方程(标量方程)和流体体积元得质点运动方程(采用矢量方程的分量描述形式)

$$\frac{\partial \rho}{\partial t} + \frac{\partial \rho u_j}{\partial x_j} = 0 \qquad (2\text{-}79)$$

$$\rho \frac{\partial u_i}{\partial t} + \rho u_j \frac{\partial \rho u_i}{\partial x_j} = -\frac{\partial p_{ij}}{\partial x_j} \qquad (2\text{-}80)$$

将式(2-79)与 u_i 相乘后转变为矢量方程的分量描述形式,然后与式(2-80)相加。可得到动量方程:

$$\frac{\partial (\rho u_i)}{\partial t} + \frac{\partial \rho u_i u_j}{\partial x_j} = -\frac{\partial p_{ij}}{\partial x_j} \qquad (2\text{-}81)$$

引入 Heaviside 广义函数 $H(f) = \begin{cases} 1, f(x,t) > 0 \\ 0, f(x,t) < 0 \end{cases}$,其中 $f(x,t) = 0$ 为控制面方程。

引入 Heaviside 广义函数的流动参量: $\begin{cases} \bar{\rho} = \rho' H(f) + \rho_0 \\ \bar{u_i} = u_i H(f) \\ \bar{p_{ij}} = p_{ij} H(f) - p_0 \delta_{ij} \end{cases}$ 。

将广义流动参量带入连续方程和动量方程得到:

广义的连续方程:

$$\frac{\partial}{\partial t} [\rho' H(f)] + \frac{\partial}{\partial x_i} [\rho u_i H(f)] = \rho_0 u_i \frac{\partial H}{\partial x_i} \qquad (2\text{-}82)$$

广义的动量方程:

$$\frac{\partial}{\partial t} [\rho u_i H(f)] + \frac{\partial}{\partial x_j} [(\rho u_i u_j + p_{ij}) H(f)] = p_{ij} u_i \frac{\partial H}{\partial x_j} \qquad (2\text{-}83)$$

令 $\frac{\partial H}{\partial f} = \delta(f)$, $\delta(f) = \begin{cases} \infty, f = 0 \\ 0, f \neq 0 \end{cases}$ 为狄拉克函数。

对广义连续方程两边取时间导数,并对广义动量方程两边求 x_i 的导数,然后相减得:

$$\frac{\partial^2}{\partial t^2} [\rho' H(f)] = \frac{\partial}{\partial t} [(\rho_0 u_i \frac{\partial f}{\partial x_i} \delta(f)) - \frac{\partial}{\partial x_i} [(p_{ij} \frac{\partial f}{\partial x_j} \delta(f)] +$$

$$\frac{\partial^2}{\partial x_i \partial x_j} [(\rho_0 u_i u_j + p_{ij}) H(f)] \qquad (2\text{-}84)$$

两边减去 $c_0^2 \left\{ \dfrac{\partial^2 (\rho' H(f))}{\partial x_i^2} \right\}$ 整理得：

$$\frac{\partial^2}{\partial t^2}[\rho' H(f)] - c_0^2 \frac{\partial^2}{\partial x_i^2}[\rho' H(f)] = \frac{\partial}{\partial t}[(\rho_0 u_i \frac{\partial f}{\partial x_i}\delta(f)] -$$

$$\frac{\partial}{\partial x_i}[(p_{ij}\frac{\partial f}{\partial x_j}\delta(f)] + \frac{\partial^2}{\partial x_i \partial x_j}[(\rho u_i u_j + p_{ij} - \delta_{ij}c_0^2\rho')H(f)] \qquad (2\text{-}85)$$

式中，$\delta_{ij} = \begin{cases} 1, i=j \\ 0, i \neq j \end{cases}$ 为克罗内克尔符号。

考虑到 $p' = c_0^2 \rho'$，令 $T_{ij} = \rho u_i u_j + p_{ij} - \delta_{ij} c_0^2 \rho'$，整理得：

$$\frac{1}{c_0^2}\frac{\partial^2}{\partial t^2}[p' H(f)] - \frac{\partial^2}{\partial x_i^2}[p' H(f)] = \frac{\partial}{\partial t}[(\rho_0 u_i \frac{\partial f}{\partial x_i}\delta(f)] -$$

$$\frac{\partial}{\partial x_i}[(p_{ij}\frac{\partial f}{\partial x_j}\delta(f)] + \frac{\partial^2}{\partial x_i \partial x_j}[T_{ij} H(f)] \qquad (2\text{-}86)$$

式中，等号右边第一项代表单极子源，第二项代表偶极子源，第三项代表四极子源。对于风力机气动噪声而言，单极子源主要指叶片的厚度噪声。偶极子源主要由叶片的非定常的气动力所致，在低速和亚音速流动中，偶极子占据了气动噪声的主要部分。四极子源主要与湍流强度等因素相关。在低速和亚音速的流动中，四极子源项可以忽略不计。但是当控制表面的速度达到超音速时，四极子源就具有重要的影响。

2.4　湍流模拟方法

湍流由流体在流体域内随时间与空间的波动组成，是一个三维、非稳态且具有较大规模的复杂过程，当流体惯性力相对黏性力不可忽略时，湍流就会发生。已知的大多数工业流动问题其流动状态都属于湍流，并且进行 CFD 数值模拟分析时，湍流模拟方法的选取对结果影响很大，下面分别介绍本书所采用的湍流模拟方法。

2.4.1　大涡模拟(LES)

20 世纪 60 年代初期，Smagorinsky 第一次提出了大涡模拟。

根据湍流流动的涡旋理论,流体的湍流流动是由多尺度的涡构成,尺度较大的涡结构引起了湍流的脉动及流体的混合。其主要特征是:从主流流动中得到能量,并对湍流流动中能量的湍流扩散及湍流能量的产生起重要作用。小尺度的涡结构从大尺度涡的相互作用中获得能量,小尺度涡主要是起到能量的耗散作用。大涡模拟的主要思想是:把流体的紊流运动分为大尺度涡和小尺度涡两部分运动,大尺度量由数值模拟计算获得,而小尺度量通过数学模型构建与大尺度量的关系求得。大涡模拟首先利用滤波函数将所有流动变量分为尺度较大的量和尺度较小的量,通常我们把这种过滤过程称之为滤波。它的主要作用是滤掉高波数而保留低波数。然后通过数学模型,即亚格子模型(SGS 模型)来建立小尺度涡与大尺度涡的相互关系。

利用滤波函数过滤 N-S 方程后,可以得到 LES 方法在不可压缩流动中的控制方程:

$$\frac{\partial \rho}{\partial t} + \frac{\partial \rho u_i}{\partial x_i} = 0 \tag{2-87}$$

$$\frac{\partial (\rho \overline{u_i})}{\partial t} + \frac{\partial (\rho \overline{u_i}\,\overline{u_j})}{\partial x_j} = \frac{\partial}{\partial x_j}\left(\mu \frac{\partial \overline{\sigma_{ij}}}{\partial x_j}\right) - \frac{\partial \overline{p}}{\partial x_i} - \frac{\partial \tau_{ij}}{\partial x_j} \tag{2-88}$$

式中,σ_{ij} 为应力张量;τ_{ij} 为亚网格应力。

对于亚格子模型,本节采用 Smagorinsky-Lilly 模型进行求解,该模型是由 Smagorinsky 首次提出,其中涡黏度有如下定义:

$$\mu_t = \rho L_s^2 |\overline{s}| \tag{2-89}$$

式中,L_s 为网格混合长度;$\overline{s} \equiv \sqrt{2\,\overline{s_{ij}}\,\overline{s_{ij}}}$。在 FLUENT 中,$L_s = \min(kd, C_s V^{\frac{1}{3}})$,其中 k 为常数;d 为距离壁面最近的距离;C_s 为 Smagorinsky 常数;V 为计算单元体积。

2.4.2 URANS 模拟方法

URANS 方法是基于 RANS 方法的非定常计算。它的主要思路是将物理变量分成平均量和脉动量,用数值模型来表示脉动量对平均量得影响。URANS 计算时,最主要的是湍流模型的选取,本节主要采用了两个湍流模型,分别为 SST 湍流模型,及考虑转捩的 Transition SST 湍流模型。下面分别对这两种湍流模型进行介绍。

2.4.2.1 SST 模型

基于 SST 模型的 k-ω 方程考虑了湍流剪切应力的影响,因此基于 SST 模型的 k-ω 方程不仅不会过度预测涡流黏度,同时对流体流动分离具有准确的预测作用。

湍流剪切应力传输可由涡流黏度方程求得

$$\upsilon_t = \frac{a_1 k}{\max(a_2 \omega, SF_2)} \qquad (2\text{-}90)$$

且

$$\upsilon_t = \mu_t / \rho \qquad (2\text{-}91)$$

式中,S 是应变率的定估算值;F_2 是混合函数,功能与 F_1 相同,作用是当假设不合理时用来约束壁面层。

混合函数在模型中的作用非常重要,其值为

$$F_1 = \tanh(\arg_1^4) \qquad (2\text{-}92)$$

式中,

$$\arg_1 = \min\left[\max\left(\frac{\sqrt{k}}{\beta' \omega y}, \frac{500\upsilon}{y^2 \omega}\right), \frac{4\rho k}{CD_{kw}\sigma_{\omega 2} y^2}\right] \qquad (2\text{-}93)$$

式中,υ 为运动黏度;y 为到最近壁面的距离。

其中

$$CD_{kw} = \max\left(2\rho \frac{1}{\sigma_{\omega 2}} \nabla k \nabla \omega, 1.0 \times 10^{-10}\right) \qquad (2\text{-}94)$$

$$F_2 = \tanh(\arg_2^2) \qquad (2\text{-}95)$$

$$\arg_2 = \max\left(\frac{2\sqrt{k}}{\beta' \omega y}, \frac{500\upsilon}{y^2 \omega}\right) \qquad (2\text{-}96)$$

SST 模型则可以较好预测湍流的开始,并且可以有效地预测负压梯度下的流体分离,可以用于解决 k-ε 模型无法有效处理的问题。对于剪切流,k-ε 模型和 k-ω 模型区别不大,对于本节中风力机空气动力学问题，SST 模型有着其他模型不能及的优势。

2.4.2.2　Transition SST 模型

Transition SST 湍流模型是四方程模型，与 SST 相同，在近壁区域采用 k-ε 模型，在自由流区域采用 k-ε 模型，得到 k-ε SST 模型，在此基础上引入间歇因子的输运方程和当地转捩动量厚度雷诺数方程，构成四方程模型。转捩预测包括预测转捩的起始位置和预测转捩区域长度，其中构成预测转捩的起始位置判据，用来模拟转捩区域。

(1)$R\bar{e}_{\theta t}$ 输运方程：

$$\frac{\partial(\rho R\bar{e}_{\theta t})}{\partial t}+\frac{\partial(\rho U_j R\bar{e}_{\theta t})}{\partial x_j}=P_{\theta t}+\frac{\partial}{\partial x_j}\left[\sigma_{\theta t}(\mu+\mu_t)\frac{R\bar{e}_{\theta t}}{\partial x_j}\right] \quad (2\text{-}97)$$

方程中源项：

$$P_{\theta t}=c_{\theta t}\frac{P}{t}(Re_{\theta t}-R\bar{e}_{\theta t})(1.0-F_{\theta t}) \quad (2\text{-}98)$$

其中

$$F_{\theta t}=\min\left(\max\left(F_{wake}e^{(-\frac{y}{\delta})^4},1.0-\left(\frac{\gamma-1/50}{1.0-1/50}\right)^2\right),1.0\right) \quad (2\text{-}99)$$

$$t=c_{\theta t}\frac{500\mu}{PU^2} \quad (2\text{-}100)$$

$$\theta_{BL}=\frac{R\bar{e}_{\theta t}\mu}{\rho U} \quad (2\text{-}101)$$

$$\delta_{BL}=\frac{15}{2}\theta_{BL} \quad (2\text{-}102)$$

$$\delta=\frac{50\Omega y}{U}\delta_{BL} \quad (2\text{-}103)$$

$$Re_{\omega}=\frac{\rho\omega y^2}{\mu} \quad (2\text{-}104)$$

$$F_{wake}=e^{-\left(\frac{Re_{\omega}}{1E+5}\right)^2} \quad (2\text{-}105)$$

式中，$P_{\theta t}$ 的作用是保证边界层外 $R\bar{e}_{\theta t}=Re_{\theta t}$；$F_{\theta t}$ 为开关函数，在边界层外为 0 边界层内为 1；F_{wake} 的作用是保证 $F_{\theta t}$ 在物面下游区域

内为 0;常数项:$c_{\theta t}=0.03$,$\sigma_{\theta t}=2.0$。

$R\bar{e}_{\theta t}$ 在壁面处为零通量,$R\bar{e}_{\theta t}$ 在进口处的值根据进口湍流强度进行修正。该模型包含三个经验关系式,$Re_{\theta t}$ 是当地转捩雷诺数,它是根据实验得到的经验关系式,是来流湍流度与当地压力梯度的函数;F_{length} 是用来调节控制转捩区域长度,它是当地雷诺数 $R\bar{e}_{\theta t}$ 的函数。

$$Re_{\theta t}=f(Tu,\lambda_{\theta}) \tag{2-106}$$

$$F_{length}=f(R\bar{e}_{\theta t}) \tag{2-107}$$

$$Re_{\theta c}=f(R\bar{e}_{\theta t}) \tag{2-108}$$

湍流度 Tu 根据经验关系式:

$$Tu=\frac{100}{U}\sqrt{\frac{2}{3}k} \tag{2-109}$$

压力梯度定义为

$$\lambda_{\theta}=\left(\frac{\theta^2}{v}\right)\frac{\mathrm{d}U}{\mathrm{d}s} \tag{2-110}$$

式中,$\mathrm{d}U/\mathrm{d}s$ 为流向加速度。

（2）输运方程:

$$\frac{\partial(\rho\gamma)}{\partial t}+\frac{\partial(\rho U_j\gamma)}{\partial x_j}=P_{\gamma 1}-E_{\gamma 1}+P_{\gamma 2}-E_{\gamma 2}+\frac{\partial}{\partial x_j}\left[\left(\mu+\frac{\mu_t}{\sigma_r}+\frac{\partial r}{\partial x_j}\right)\right] \tag{2-111}$$

$$P_{\gamma 1}=C_{a1}F_{length}\rho S[\gamma F_{oneset}]^{C_{\gamma 3}} \tag{2-112}$$

$$E_{\gamma 1}=C_{e1}P_{\gamma 1}\gamma \tag{2-113}$$

式中,S 为应变率大小;F_{length} 是用来调节控制转捩区域长度;破裂和再层流化的公式如下:

$$P_{\gamma 2}=C_{a2}\rho\Omega\gamma F_{turb} \tag{2-114}$$

$$E_{\gamma 2}=C_{e2}P_{\gamma 2}\gamma \tag{2-115}$$

式中,Ω 为涡量大小,转捩的开始由下式控制:

$$Re_V=\frac{\rho y^2 S}{\mu} \tag{2-116}$$

$$R_T=\frac{\rho k}{\mu\omega} \tag{2-117}$$

$$F_{oneset} = \frac{Re_V}{2.193 Re_{\theta c}} \tag{2-118}$$

$$F_{oneset} = \min\left[\max(F_{oneset}, F_{oneset}^4), 2.0\right] \tag{2-119}$$

$$F_{oneset3} = \max\left(1 - \left(\frac{R_T}{2.5}\right)^3, 0\right) \tag{2-120}$$

$$F_{oneset} = \max(F_{oneset2} - F_{oneset3}, 0) \tag{2-121}$$

$$F_{turb} = e^{-\left(\frac{R_T}{4}\right)^4} \tag{2-122}$$

式中,ρ 为流体密度;t 为时间;U_j 为速度;x_j 为坐标;k 为湍动能;ω 为湍动能的比耗散率;k 和 ω 由 SST 模型提供;μ 为分子动力黏度;R_T 为黏性比;Re_V 为涡量雷诺数;y 是壁面距离;$Re\theta c$ 是边界层内间歇因子开始增加的临界雷诺数;公式中常数项:$C_{a1} = 2.0$,$C_{e1} = 1.0$,$C_{a2} = 0.06$,$C_{e2} = 50$,$c_{\gamma3} = 0.5$,$\sigma_\gamma = 1.0$。

当流场中存在分离转捩时,在分离泡位置处 γ 会迅速增长,随着湍流黏性比的增加,γ 的增加趋势趋于平缓,因此当流场中存在分离诱导转捩时,间歇因子 γ_{sep} 可表示为

$$\gamma_{sep} = \min\left[C_{s1}\max\left(\left(\frac{Re_V}{3.235 Re_{\theta c}}\right) - 1.0\right)F_{reattch}, 2\right]F_{\theta t} \tag{2-123}$$

$$F_{reattach} = e^{-\left(\frac{R_T}{20}\right)^4} \tag{2-124}$$

式中,$F_{reattach}$ 的作用是当湍流黏性比 R_T 较大时 γ_{sep} 趋于 0,因此有效间歇因子表述为

$$\gamma_{eff} = \max(\gamma, \gamma_{sep}) \tag{2-125}$$

转捩模型是通过间歇因子来控制 SST 模型中湍动能方程的生成项与耗散项。

（3）修改的 k 方程:

$$\frac{\partial}{\partial t}(\rho k) + \frac{\partial}{\partial x_i}(\rho k u_i) = \frac{\partial}{\partial x_j}\left(\Gamma_k \frac{\partial k}{\partial x_j}\right) + G_k^* - Y_k^* + S_k \tag{2-126}$$

$$G_k^* = \gamma_{eff}\widetilde{G}_k \tag{2-127}$$

$$Y_k^* = \min(\max(\gamma_{eff}, 0.1), 1.0)Y_k \tag{2-128}$$

（4）ω 方程:

$$\frac{\partial}{\partial t}(\rho\omega)+\frac{\partial}{\partial x_j}(\rho\omega u_i)=\frac{\partial}{\partial x_j}\left[\left(\mu+\frac{\mu_t}{\sigma_\omega}\right)\frac{\partial\omega}{\partial x_j}\right]+\alpha\,\frac{\omega}{k}P_k-\beta\rho\omega^2+P_{\omega b}$$

$$(2\text{-}129)$$

2.4.3　分离涡模拟(DES)

分离涡模拟（Detached Eddy Simulation，DES）方法是（RANS/LES)混合模拟方法，它是结合了 LES 与 RANS 的优势的一种模拟方法。它是 Spalart 于 1997 年提出的一种方法。该方法在近壁区采用 RANS 方法模拟，在远离壁面的主流区采用 LES 方法模拟。这样不仅可以大大地减少壁面的网格数量，又保证在主流区采用大涡模拟得到更多的流场细节，兼顾了 RANS 和 LES 各自的优势。

DES97 是最早的 DES 形式，它基于 Spalart-Allmaras 模型的DES，其表达式为

$$\frac{D\widetilde{v}}{Dt}=c_{b1}\widetilde{S}\widetilde{v}+\frac{1}{\sigma}\left[\nabla\boldsymbol{\cdot}((v+\widetilde{v})\nabla\widetilde{v})+c_{b2}(\nabla\widetilde{v})^2\right]-c_{w1}f_w\left[\frac{\widetilde{v}}{d}\right]^2$$

$$(2\text{-}130)$$

式中，d 为长度尺度；变量$\widetilde{v}$和湍流黏性 v_t 的关系由下式给出：

$$v_t=\widetilde{v}f_{v1} \tag{2-131}$$

$$f_{v1}=\frac{\chi^3}{\chi^3+c_{v1}^3} \tag{2-132}$$

$$\chi\equiv\frac{\widetilde{v}}{v} \tag{2-133}$$

式中，v 为流体黏性，式中生成项$\widetilde{S}$为

$$\widetilde{S}\equiv f_{v3}S+\frac{\widetilde{v}}{\kappa^2 d_w^2}f_{v2} \tag{2-134}$$

其中

$$f_{v2}=\left[1+\frac{\chi}{c_{v2}}\right]^{-3} \tag{2-135}$$

$$f_{v3} = \frac{(1 + \chi f_{v1})(1 - f_{v2})}{\chi} \qquad (2\text{-}136)$$

式中，S 为涡量的绝对值，此外，

$$f_w = g\left[\frac{1 + c_{w3}^6}{g^6 + c_{w3}^6}\right] \qquad (2\text{-}137)$$

$$g = r + c_{w2}(r^6 - r) \qquad (2\text{-}138)$$

$$r \equiv \frac{\tilde{v}}{S\kappa^2 d_w^2} \qquad (2\text{-}139)$$

常数项取值为

$$\kappa = 0.41, \sigma = 2/3, c_{b1} = 0.1355, c_{b2} = 0.622,$$

$$c_{w1} \equiv \frac{c_{b1}}{\kappa^2} + \frac{1 + c_{b2}}{\sigma}, c_{w2} = 0.3, c_{w3} = 2, c_{v1} = 7.1$$

DES 为实现在近壁区采用 RANS 方法，在主流区采用 LES 方法，将式中的长度尺度替换为

$$\tilde{d} = \min(d_w, C_{DES}\Delta) \qquad (2\text{-}140)$$

式中，$\Delta = \max(\Delta x, \Delta y, \Delta z)$，$\Delta$ 取流场中 x, y, z 三个方向的网格最大值；参数 $C_{DES} = 0.65$；d_w 表示网格中心到壁面的距离。这样，在 $d_w < C_{DES}\Delta$ 的区域采用 RANS 方法计算，在 $d_w > C_{DES}\Delta$ 的区域采用 LES 计算。所以 DES 是通过网格判别 RANS 区域、LES 区域。

第3章 典型风力机翼型气动噪声特性研究

3.1 引言

风力机翼型气动噪声是由翼型与周围流体相互作用或者是周围流体自身的湍流流动而引起的。翼型自噪声可分为:湍流边界层的尾缘噪声、钝尾缘噪声、层流边界层脱落涡噪声、分离流噪声等。

本章主要研究翼型的气动噪声特性,首先 3.2 节以具有实验数据的 DU97-W-300-flatback 大钝尾缘翼型(简称 DU300 钝尾缘)为研究对象,分别采用 BPM 和 CFD/FW-H 方法模拟了翼型气动噪声特性,通过将计算值与实验值进行比较,验证 BPM 模型和 CFD/FW-H 模拟结果的可信度。同时比较三种湍流计算方法(URANS、DES、LES)对翼型气动噪声计算结果的影响。3.3 节以 DU97-W-300-flatback 大钝尾缘翼型为研究对象,研究攻角对翼型气动噪声特性的影响。3.4 节以 DU97-W-300 标准翼型、DU97-W-300-flatback 大钝尾缘翼型为例,研究尾缘厚度对翼型气动噪声特性的影响。3.5 节分别以 DU97-W-300 翼型、DU00-W-401 翼型为研究对象,研究涡发生器对翼型气动噪声的影响。

3.2 数值方法确认

3.2.1 算例描述

钝尾缘翼型是指尾缘具有一定厚度的翼型。与普通翼型相比,当相对厚度相同时,钝尾缘翼型增加了截面积和转动惯量,可以使叶片在相同铺层厚度时提高叶片强度。如果保持叶片强度不变,则可以节省材料降低叶片重量。同时钝尾缘翼型与普通翼型相比具有更高的最大升力系数,且当翼型尾缘厚度增加后,使翼型吸力面压力恢复变缓,可以降低翼型对粗糙度的敏感。然而,钝尾缘翼型也存在固有的缺点:首先钝尾缘翼型较常规翼型阻力大,其次钝尾缘翼型在尾缘处的脱落涡产生的尾缘噪声较大,且容易诱发振动。

本章以 DU97-W-300-flatback 大钝尾缘翼型为研究对象。DU97-W-300 翼型最大厚度为 30%,尾缘厚度为 1.74%。DU97-W-300-flatback 大钝尾缘翼型以 DU97-W-300 翼型为基础,保持最大厚度及最大厚度弦长位置不变,增加尾缘厚度至最大厚度的 10%。两个翼型的几何见图 3-1。

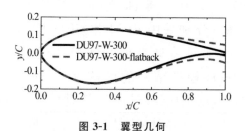

图 3-1　翼型几何

Fig. 3-1　Airfoil geometry

3.2.2　计算方法

计算网格:采用 ICEM 软件进行网格划分。计算域为圆形,半径为 30 倍弦长,即 30C。全域采用结构网格。对翼型 10C 范围内进行网格加密,翼型的下游也进行网格加密,网格分布见图 3-2。壁面法向第一层网格高度为 0.01mm,$Y^+ < 1$,满足湍流模拟计算要求。同时生成了不同疏密程度的三套网格,进行网格无关性验证。周向网格、径向网格分布及总体网格数目见表 3-1。

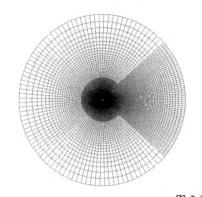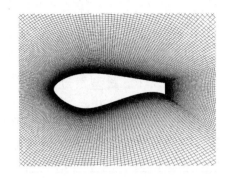

图 3-2　计算网格

Fig. 3-2　Computational mesh

表 3-1　网格分布

Table 3-1　Mesh distribution

方案	周向网格	径向网格	总体网格数(万)
网格 1	240	330	7
网格 2	340	460	14
网格 3	480	640	28

边界条件:采用速度进口、压力出口边界条件,翼型表面设置为绝热无滑移边界。计算攻角为 $4°$。

数值计算方法:采用 Fluent 软件进行数值计算,分别采用 URANS、DES、LES 三种湍流计算方法进行计算。URANS 计算时,湍流模型为 transitional SST 模型;DES 计算时,近壁区的 RANS 方法选用的湍流模型为 transitional SST 模型;LES 计算时,对湍流大尺度涡采用直接求解,小尺度涡采用亚格子模型过滤。本节采用的亚格子应力模型为 Smagorinsky-Lily 模型。计算均采用二阶精度进行计算,时间步长 $\Delta t = 5 \times 10^{-5}$ s。先计算 8000 步(0.4s),待流场稳定,再计算 4000 步(0.2s),对这 4000 步计算结果进行时均统计。

BPM 计算方法:采用 NAFnoise 开源程序对翼型进行噪声计算,翼型几何参数及来流条件与 CFD 计算相同。

3.2.3 结果分析

3.2.3.1 翼型气动特性

图 3-3 给出了采用不同网格和不同湍流模拟方法计算的升力系数与实验值对比情况。其中,计算结果显示为翼型升力系数随时间变化曲线。而实验值只有一个时均值。图中(a)为网格 1 计算结果,(b)为网格 2 计算结果,(c)为网格 3 计算结果。从图(a)中可以看出,当网格数目为 7 万时,URANS 和 DES 计算结果已呈规律的周期性波动。LES 计算结果在总体趋势上也呈现比较规律的波动,但周期性较另外两种计算方法稍差。图(b)变化规律与图(a)类似。图(c)为 28 万网格数目计算结果。图中 URANS 与 DES 计算结果较为接近,但与 LES 计算结果差距较大。LES 计算结果偏低,且周期性较差。从图中可以看出,对于 LES 计算,网格 1 与网格 2 计算结果较为接近,但网格 3 计算结果差别较大,计算值偏低,且周期性较差。其原因可以由图 3-5 的涡量云图解释。

表 3-2 为翼型升力系数平均值及相对误差。采用网格 1 时,三种湍流模拟方法结果差别不大。在网格较少时,DES 计算结果更加接近实验值,而 LES 计算结果最差;采用网格 2 时,仍是 DES 计算结果最接近实验值。在该网格密度下,LES 计算结果要优于 URANS 计算结果;采用网格 3 时,URANS 结果和 DES 结果更加接近实验值。其中 DES 结果最好。而 LES 模拟结果与前二者有明显差异。对比 DES 计算在不同网格密度间的差别,当网格密度越密计算结果越接近实验值,但网格 2 与网格 3 之值差别很小。

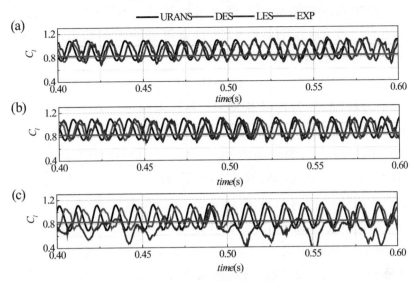

图 3-3　升力系数收敛历史

(a) 网格 1, (b) 网格 2, (c) 网格 3

Fig. 3-3　Convergence history of lift coefficient

(a) mesh1, (b) mesh2, (c) mesh3

表 3-2　升力系数对比

Table 3-2　Comparison of lift coefficient

	平均升力系数			相对误差%		
	网格 1	网格 2	网格 3	网格 1	网格 2	网格 3
URANS	0.9195	0.9225	0.9080	10.7858	11.1414	9.4033
DES	0.9007	0.8960	0.8952	8.5237	7.9507	7.8584
LES	0.9247	0.9121	0.7206	11.4146	9.8870	−13.1751
EXP	0.8300			—		

图 3-4 为升力系数曲线经傅里叶变换后得到的功率谱密度图, 图中(a)为网格 1 计算结果, (b)为网格 2 计算结果, (c)为网格 3 计算结果, (d)为 URANS 计算结果, (e)为 DES 计算结果, (f)为 LES 计算结果。图(a)中 URANS 与 LES 计算得到,升力系数的主频一致,$f = 92\,Hz$, DES 计算结果稍小一些,$f = 90\,Hz$; 图(b)中当网格数为网格 2 时, URNAS、DES、LES 计算得到的主频一

致;图(c)中当网格增加至网格 3 量级时,URANS 与 DES 计算得到的主频一致 $f=90\mathrm{Hz}$,但 LES 计算得到的主频偏低 $f=76\mathrm{Hz}$。根据斯特劳哈尔数计算公式(3-1):

$$Sr=fL/U \tag{3-1}$$

式中,f 为频率;L 为特征长度;U 为来流速度。计算可以得到当 $f=90\mathrm{Hz}$ 时,对应 $Sr=0.14$,当 $f=76\mathrm{Hz}$ 时,对应 $Sr=0.12$,这个值均在 Fric 所给出的范围内($0.1\sim0.2$)。图(d)为 URANS 在不同网格密度下计算结果,从图中可以看出,无论哪种网格密度,URANS 计算得到的脱落涡主频基本一致,且高阶谐波频率也基本一致,主频及高阶谐波频率分别为 $f=90\mathrm{Hz}$、$180\mathrm{Hz}$、$270\mathrm{Hz}$;图(e)为不同网格密度时 DES 计算结果,从图中可以看出,DES 计算得到的主频及高阶谐波频率也基本一致,但高阶谐波频率峰值不如 URANS 计算结果明显;图(f)为不同网格密度时 LES 计算结果,从图中可以看出,网格为网格 1 与网格 2 时计算得到的主频一致 $f=90\mathrm{Hz}$,网格密度为网格 3 时主频稍低 $f=76\mathrm{Hz}$,且 LES 计算结果均观测不到高阶谐波频率。

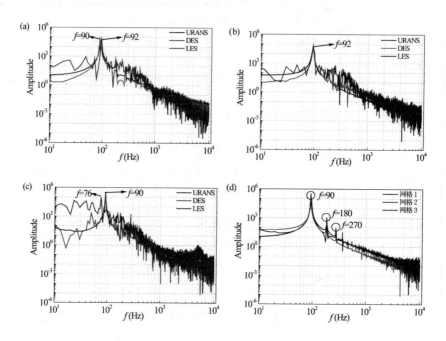

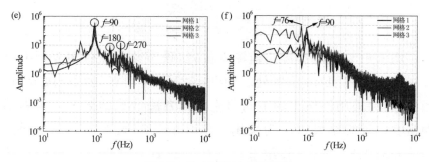

图 3-4　升力系数功率谱密度

(a) 网格 1,(b) 网格 2,(c) 网格 3,(d) URANS,(e) DES,(f)LES

Fig. 3-4　power spectral density of lift coefficient

(a) mesh1，(b) mesh2，(c) mesh3，(d) URANS，(e) DES，(f) LES

　　图 3-5 为不同网格密度及湍流计算方法下涡量云图。由图可见,URANS 计算得到的旋涡尺度较大,涡核间距也较大;LES 计算得到的旋涡尺度较小,涡核间距近;DES 计算结果介于 URANS 与 LES 之间,而这也反映出 LES 捕捉的流场细节更加丰富。从不同网格之间的差别来看,网格 1 与网格 2 之间的差别较小;网格 3 中,URANS 与 DES 与上两套网格差别也不大,但 LES 计算结果与前两套网格差别较大。究其原因是本计算采用了纯二维网格进行计算,而本质上 LES 捕捉的分离涡为三维分离涡,漩涡沿展向的发展释放了漩涡的运动,因此,在网格较密时,二维 LES 在翼型的吸力面和压力面产生了虚假的较强的脱落涡。

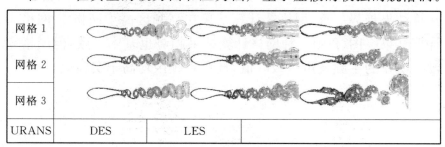

图 3-5　涡量云图(4°攻角)

Fig. 3-5　Vorticity contours

3.2.3.2　翼型噪声特性

图 3-6(1)为翼型噪声监测点位置,噪声监测点位于翼型上方
2.89m,下游 1.17m 位置处。图 3-6(2)为监测点处声压级分布,
图中(a)为采用网格 1 的不同湍流计算方法计算结果,(b)为采用
网格 2 的计算结果,(c)为采用网格 3 的计算结果,(d)为不同网
格分布时 URANS 计算结果,(e)为 DES 计算结果,(f)为 LES 计
算结果。首先从图(a)中可以看出,三种湍流计算方法得到声压
级的主频基本一致,$f \approx 90$Hz,主频所对应的声压级也基本一致,
SPL≈ 100dB。实验所得声压级的主频 $f \approx 144$Hz,主频所对应的
声压级 SPL≈ 93dB,计算值与实验值在主频差别较大,但声压级
的峰值相差不多。在声压级随频率的变化趋势上 URANS 与
DES 计算结果比较接近,且 DES 计算结果更加接近实验值,LES
计算结果在高频区与实验值相差较大。图(b)与图(a)情况类似,
计算值与实验值在主频上差别较大,但声压级的峰值相差不多。
图(c)中 URANS 与 DES 计算得到的声压级峰值 SPL≈ 98dB 更
加接近实验值,而 LES 计算得到的声压级分布没有明显的频率峰
值及主频。图(d)为不同网格分布时 URANS 计算结果,从图中
可以看出,网格 1 与网格 2 时声压级分布趋势比较一致,网格分
布为网格 3 时在高频区更加接近实验值。图(e)中三种网格分布
计算结果趋势一致,网格 3 计算结果在高频区高于网格 1、网格 2
计算结果。图(f)中三种网格计算结果趋势也基本一致,但网格 3
没有明显的主频及声压级峰值,且在高频区均高于实验值。

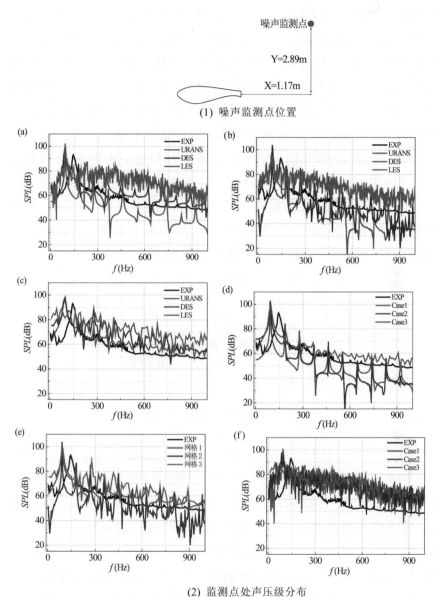

(1) 噪声监测点位置

(2) 监测点处声压级分布

（a）网格 1,（b）网格 2,（c）网格 3,（d）URANS,（e）DES,（f）LES

图 3-6　声压级分布

Fig. 3-6　Distribution of sound pressure level

图 3-7 为分别采用 CFD/FW-H、TNO、BPM 方法计算得到翼型声压级分布与实验值对比结果。TNO 模型是建立在 BPM 模型上,经过修改湍流边界层尾缘噪声模型后得到的新的噪声计

算模型。图中 CFD/FW-H 方法计算结果为网格 2 时 DES 计算结果。由图可见,CFD 计算结果及 TNO、BPM 计算结果与实验值在高频区吻合较好,但 TNO、BPM 计算结果在低频区与实验值相差较多,而 CFD 计算结果在低频区要优于 TNO 及 BPM 方法。CFD 与 TNO、BPM 计算声压级的主频基本一致,且均小于实验值,但主频的所对应的声压级大小相差不多。对比 TNO 与 BPM 模型,发现 BPM 模型与实验值更加接近,BPM 计算结果优于 TNO 模型。从以上分析可知,在声压级的高频区,CFD、TNO、BPM 均能较好预测噪声声压级,但在低频区,CFD 计算效果更优,TNO 及 BPM 方法效果较差。所以,在接下来的计算中,均采用 CFD/FW-H 方法对翼型气动噪声进行计算。

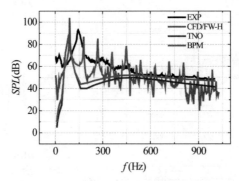

图 3-7　不同噪声计算方法得到声压级分布

Fig. 3-7　Distribution of sound pressure level by different noise computation method

由于空气存在黏性,噪声在空气中传播过程中会发生能量耗散,导致声压级衰减。CFD 计算结果以网格 2、DES 计算结果为例,取翼型尾缘下游 4 个监测点处声压级分布进行对比。图 3-8 为翼型尾缘下游 4 个监测点处的声压级分布,监测点分别位于尾缘下游 $1C$、$2C$、$3C$、$4C$ 处,如图 3-8(1)所示。图 3-8(2)为监测点处 CFD 计算得到翼型噪声声压级分布规律及 BPM 模型计算得到声压级分布规律。首先从图中可以看出,在 4 个监测点处,BPM 模型计算得到翼型声压级在高频区与 CFD 计算结果比较接近,且趋势基本相同。但在低频区(200 Hz 以下),BPM 计算得到声压级小于 CFD 计算结果,这一规律与图 3-7 结果类似。

BPM 计算声压级的主频较 CFD 计算声压级的主频更低。这是由于 CFD 计算的是二维翼型模型,而 BPM 需要设置一定的翼型厚度。翼型厚度的增加,会使得脱落涡的三维流动性增强,频率降低。翼型厚度对声压级幅值影响较小,但对主频有一定影响。这就使得两种计算方法得到的声压级主频对应的声压级值大小基本一致,但 BPM 计算的声压级主频较 CFD 计算的低。其次,从图中还可以看出,4 个点处的声压级分布趋势一致,4 个点处的主频一致,但声压级的幅值随着流向距离的增加逐渐降低。

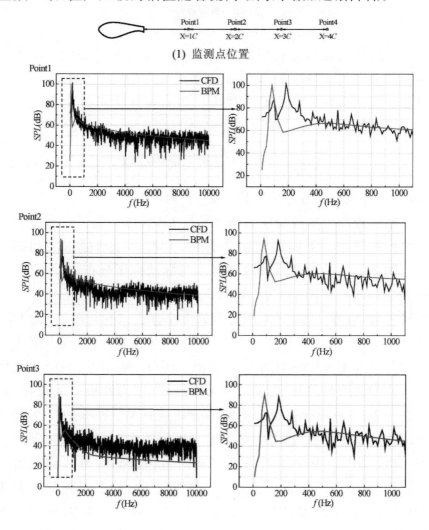

(1) 监测点位置

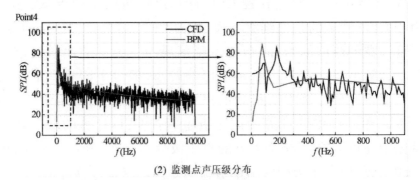

(2) 监测点声压级分布

图 3-8 声压级分布

Fig. 3-8 Sound pressure level distribution

声压的变化与流场中的压力的变化是密不可分的。流场中声压的分布与流场中静压分布是密不可分的,通常来说,压力脉动越大从而引起的气动噪声越大。均方根压力可以用来表征流场中声源强度,均方根压力公式定义为

$$P_{rms} = \sqrt{\left(\int_0^T (p - \overline{p})^2 \mathrm{d}t\right)/T} \qquad (3-2)$$

式中,p 为瞬时压力;$\overline{p}$ 为时均压力;T 为积分时间。

通过流场中的脉动压力与声压的对比,可以获得二者变化规律之间的联系。下面以网格 2 为例,分析声压与静压之间的关系。图 3-9(1)为监测点处脉动静压与脉动声压分布,监测点位于图 3-6(1)所示。图(a)为 URANS 计算结果,图中声压与静压的波形一致,周期一致,只是压力值的大小存在差别。图(b)为 DES 计算结果,图中声压与静压波形与周期也基本一致,压力值大小存在差异与 URANS 计算结果类似。图(c)为 LES 计算结果,图中声压的波形与静压波形上不太一致,声压的波形不太规律,这可能与 LES 计算时捕捉到更多的脉动量有关。图 3-9(2)为静压及声压功率谱分布,图(a)中声压与静压的主频以及高阶谐波频率一致。图(b)中声压与静压得到的主频及高阶谐波频率也一致。图(c)中声压与静压得到的主频不一致,静压得到的主频为 90 Hz,这与 DES 及 URANS 计算结果一致,而声压的主频为 100 Hz,比静压的主频略高,但在高频区功率谱的变化趋势一致,

且 LES 方法均未捕捉到高阶谐波频率。

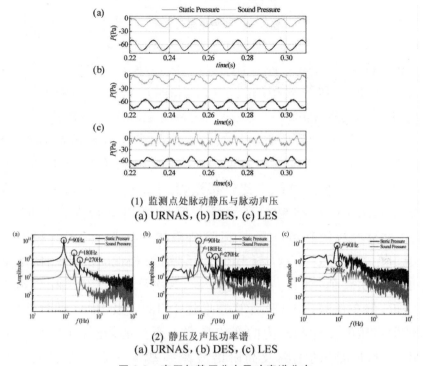

(1) 监测点处脉动静压与脉动声压
(a) URNAS，(b) DES，(c) LES

(2) 静压及声压功率谱
(a) URNAS，(b) DES，(c) LES

图 3-9　声压与静压分布及功率谱分布

Fig. 3-9　Sound pressure and static pressure distribution and power spectrum distribution

图 3-10 为翼型均方根压力云图。首先从图中可以看出，在该攻角下翼型的噪声源集中的尾缘处，这与该翼型的钝尾缘有关。在总体趋势上 DES 与 LES 计算得到的均方根压力云图较类似，URANS 得到的均方根压力较低。

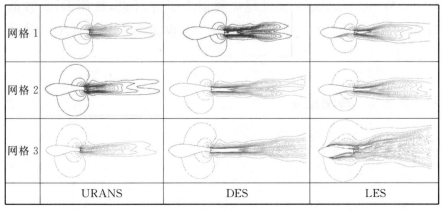

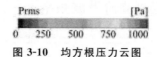

图 3-10　均方根压力云图

Fig. 3-10　RMS pressure contours

小结：本节采用三种湍流计算方法（URANS、DES、LES）研究了 DU300 钝尾缘翼型的气动特性和噪声特性。结果表明，三种方法得到的翼型声压级主频基本一致，主频所对应的声压级大小也基本一致。计算所得声压级的峰值与实验结果相差不大，但计算所得主频比实验主频略低；在声压级随频率的变化趋势上 URANS 与 DES 计算结果比较接近，且 DES 计算结果更加接近实验值；LES 计算结果在高频区与实验值相差较大。TNO 与 BPM 计算声压级在高频区与实验结果吻合较好，但在低频区与实验值相差较多。TNO 与 BPM 计算结果相比，BPM 计算结果更加接近实验值。CFD 计算结果与 TNO 及 BPM 结果在高频区较接近，但在低频区 CFD 计算结果优于 TNO 及 BPM 计算结果。流场中声压的变化与压力的变化是密不可分的，流场中声压脉动与压力脉动得到的主频及高阶谐波频率基本一致。在翼型下游的流向上，不同空间点处声压频谱的主频基本一致。

3.3　攻角对翼型气动噪声的影响

本节研究不同攻角下，典型风力机翼型的气动噪声特性。以 DU97-W-300-flatback 大钝尾缘翼型为研究对象，选用 DES 数值计算方法，分别在 0°、4°、8°、11°、15°、19°攻角下研究该翼型气动噪声特点。

3.3.1　算例描述

计算模型与上节模型相同。

3.3.2 计算方法

网格采用 3.2 节中网格 2,采用 DES 湍流模拟方法,计算设置也同 3.2 节。

3.3.3 结果分析

3.3.3.1 翼型气动特性

图 3-11 为 DU300 钝尾缘翼型升阻力系数特性曲线。从图中可以看出,在 0°~15°攻角范围内是升力系数的线性段,阻力系数有先增加后减小的趋势。在 15°~19°攻角时升力系数增长趋势回落,但阻力系数迅速增加。

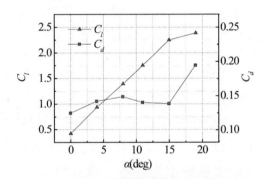

图 3-11 钝尾缘翼型升阻力系数

Fig. 3-11 Drag coefficient of blunt trailing edge airfoil

图 3-12 为升阻力系数随时间变化曲线,从升力系数变化曲线可以看出,随着攻角的增加升力系数值不断增加。从波幅上看在 0°~15°攻角范围内升力系数的波幅相差不多,在 19°攻角时升力系数波幅增加,说明在该攻角情况下翼型受到脱落涡周期性的作用力变强。对于阻力系数在 0°~15°攻角范围内,阻力系数波动幅度相差不多,当攻角达到 19°时,阻力系数波幅显著增加。

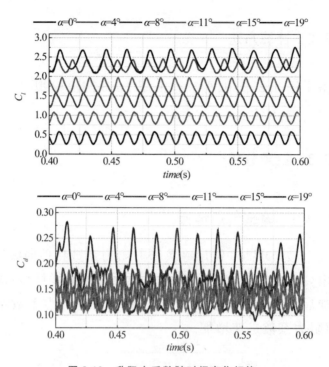

图 3-12　升阻力系数随时间变化规律

Fig. 3-12　Change rule of lift and drag coefficient with time

　　将升阻力系数变化曲线进行傅里叶变换,得到升阻力系数的功率谱分布,从而可以得到翼型在不同攻角下波动频率和脱落涡的频率。图 3-13 即为翼型在不同攻角情况下升阻力系数的功率谱分布。从图中可以看出:(1)在各攻角情况下升力系数与阻力系数的主频及高阶谐波频率均基本一致;(2)在 0°～11°攻角范围内升力系数的主频及高阶谐波频率也一致,在 15°攻角时翼型主频略有降低($f \approx 85\,\mathrm{Hz}$)。19°攻角时翼型主频更加低($f \approx 60\,\mathrm{Hz}$);对应的高阶谐波频率也有所降低。总体来说,翼型攻角不同,脱落涡的脱落频率有所变化。根据斯特劳哈尔数公式:频率与来流速度呈正比,与特征长度呈反比。在翼型绕流中计算特征长度时不应取翼型弦长,应为弦长在垂直于来流方向上投影长度。根据这一原则,随着攻角增加,特征长度增加,而来流速度不变,则翼型的主频会降低,但在小攻角范围内频率变化不大。

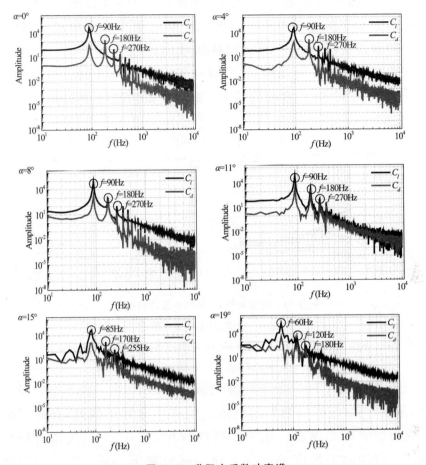

图 3-13　升阻力系数功率谱

Fig. 3-13　Power spectrum of lift and drag coefficient

　　根据经典的 BPM 模型,翼型的自噪声可分为:湍流边界层尾缘噪声、层流边界层脱落涡噪声、分离流噪声、钝尾缘噪声等几大类。实际翼型的噪声往往由这几类叠加而成,因此研究翼型的转捩、流动分离位置以及分离涡尺度对了解翼型自噪声很有帮助。图 3-14 为翼型不同攻角下静压系数 C_p 分布曲线(a)以及转捩位置曲线(b)。从图(a)中可以看到,随着攻角的增加翼型上下表面压差逐渐增加,从翼型吸力面压力平台来看,该翼型在 15°攻角范围内均未出现较大流动分离,在 19°攻角时在大约 0.7 倍弦长位置出现压力平台,出现流动分离。同时,根据图(b)中的转捩位置可知,该分离为湍流边界层分离。从图(b)中可以看出,总体上翼型吸力面转捩位置随着攻角的增加逐渐从尾缘向前缘移动,而压力面转捩位置随着攻角的增加从前缘向尾缘逐渐移动。在吸力面当攻角在$4°\sim8°$范围内时,转捩位置突然从0.3倍左右前缘位置转捩至0.02倍左右前缘位置,随着攻角的继续增加转捩位置变化较小。

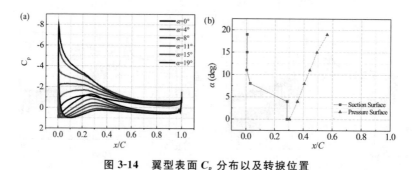

图 3-14 翼型表面 C_p 分布以及转捩位置

(a) C_p 分布,(b) 转捩位置

Fig. 3-14 distribution of Cp on airfoil surface and position of transition

(a) distribution of Cp, (b) position of transition

图 3-15 为不同攻角下翼型绕流场涡量云图。从图中可以看出,在 $0°\sim15°$ 范围内翼型的脱落涡均集中在钝尾缘处,在尾缘处形成周期脱落的涡街。从图中可以看出,在 $0°\sim11°$ 攻角时翼型尾缘下游的涡街尺度及涡核之间的间距基本一致,$15°$ 攻角时涡街尺度明显增大。在 $19°$ 攻角时,分离位置明显提前。脱落涡从翼型上翼面大约 0.7 倍弦长处开始脱落,到尾缘处与下翼面脱落出的尾涡交替向下游运动,涡街个数明显减少,且涡核间距增加。这与图 3-13 中翼型的气动特性波动的主频相对应,即 $19°$ 攻角时翼型的脱落涡频率降低。

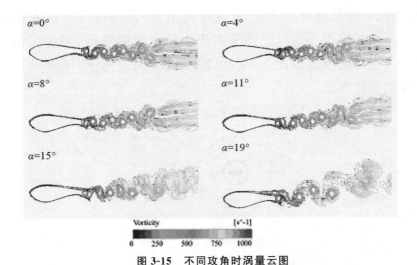

图 3-15　不同攻角时涡量云图

Fig. 3-15　**Vorticity contours when different Angle of attack**

3.3.3.2　翼型噪声特性

噪声在不同方向上的传播强度是不同的,因此翼型自噪声具有方向的指向性。图 3-16(1)为翼型噪声监测点分布。监测点以翼型 0.5 倍弦长处为中心,在圆周方向每隔 10°布置一个监测点,一周布置 36 个监测点。沿径向方向布置 5 周监测点,总共布置 180 个噪声监测点。图 3-16(2)即为翼型周围自噪声声压级指向性分布。首先可以看出,无论在哪个攻角情况下,翼型声压级大小均随着半径距离的增加而逐渐减小。其次,噪声的监测点是圆形布置的,但声压级在圆周方向上并不呈圆形,而是呈偶极子形状。根据翼型的自噪声理论,翼型的自噪声应该是偶极子源,这一结论与理论也是吻合的。从声压级在周向上的分布来看,声压级沿 y 轴并不对称,尾缘下游噪声的声压级明显要大于前缘噪声,这是因为钝尾缘翼型的噪声源主要集中在尾缘处。在小攻角范围内声压级沿着 x 轴基本对称分布,但随着攻角变大,在 15°~19°攻角时并不沿着 x 对称,此时声压级在圆周方向上的分布偏转了一定角度。将声压级前后缘凹点进行连线,此连线基本与来流重合,说明声压级在上下翼型上的分布基本沿来流对称分布。另外,不同攻角情况下翼型声压级变化不大,说明攻角对该翼型的气动噪声影响很小。这是因为对于大钝尾缘的翼型,尾缘脱落涡噪声占主导地位。由图 3-15 可以看出,不同攻角下,尾缘脱落涡的强度变化不大。

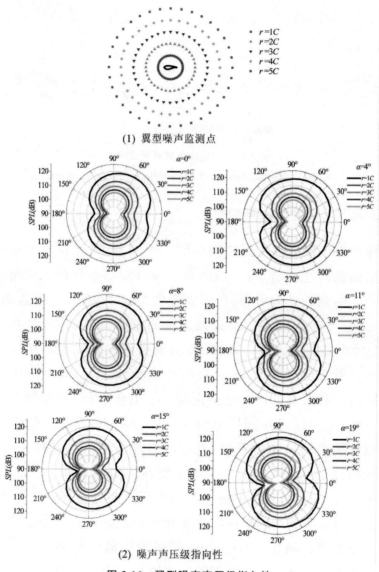

(1) 翼型噪声监测点

(2) 噪声声压级指向性

图 3-16　翼型噪声声压级指向性

Fig. 3-16　Directivity of airfoil noise sound pressure level

图 3-17 为翼型四个方向上总声压级分布规律。图(1)为噪声

监测点位置,以翼型 0.5 倍弦长处为中心,在翼型尾缘下游距中心布置 10 个监测点间隔为 1 倍翼型弦长,同样在翼型前缘、上翼面、下翼面分别布置 10 个监测点,统计该点的总声压级。图(2)为这四个方向上总声压级分布以及周向、径向平均总声压级。首先从图(a)、(b)、(c)、(d)中可以看出,总声压级随着距离的增加逐渐减小,变化规律为呈指数减小。再对比四幅图中总声压级的大小可以发现,上下翼面的声压级大小基本相当,且大于翼型前后缘总声压级,而翼型尾缘处的声压级大于前缘处声压级,这与图 3-14 对应的结论一致。图(a)中在大部分监测点处 0°、4°攻角时声压级最大,8°、11°、19°依次递减,攻角为 15°时声压级最小,图(b)中情况与图(a)类似。而在图(c)、(d)中,攻角为 11°时声压级最大,19°次之,15°时声压级最小。说明声压级随攻角的变化规律随在翼型四个方向上略有不同。这样不方便统计翼型气动噪声随攻角的变化规律。为此这里将翼型在四个方向上的声压级进行平均得到总声压级随攻角的变化规律,图(e)即为在四个方向上平均后得到的总声压级,继续将总声压级沿距离进行平均,得到平均总声压级随攻角变化规律,如图(f)所示。从图(f)中可以看出,15°攻角时,翼型气动噪声最小,而 4°攻角时气动噪声最大,0°攻角次之,之后依次是 8°、11°、19°攻角。

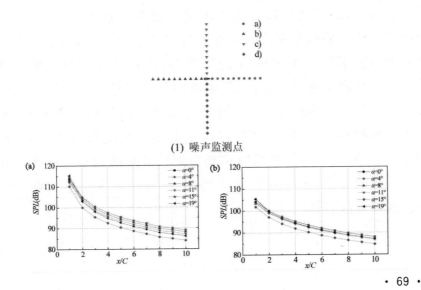

(1) 噪声监测点

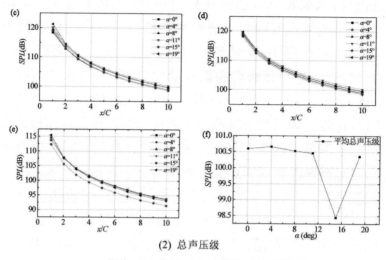

(2) 总声压级

（a）尾缘，（b）前缘，（c）上翼面，（d）下翼面，

（e）周向平均总声压级，（f）平均总声压级

图 3-17　监测点处总声压级

Fig. 3-17　Total sound pressure level at monitor point

　　图 3-18 为翼型四个方向上声压级分布规律，图（1）为噪声监测点位置，图（2）为声压级分布。从图（2）中可以看出，无论在哪个攻角下，监测点 A 与监测点 C 的声压级分布无论是在声压级的大小还是主频及高阶谐波频率上均比较类似，监测点 B 与监测点 C 声压级分布也较类似。而监测点 A 与监测点 B 的高阶谐波频率比较对应，但主频不同。从声压级的分布上在 0°～11°攻角范围内声压级分布相差不多，15°攻角时在 A 点与 C 点的主频上与小攻角略有不同。在 0°～15°攻角范围内，声压级分布呈较明显的低频特性即离散单音特性，低频特性是由于壁面压力波动而引起的噪声特性。当攻角为 19°时声压级没有明显的频率主峰，声压级分布初显宽频特性，宽频特性主要由于湍流脉动而引起，根据图 3-15 可知，在 19°攻角时在翼型上翼面尾缘约 0.7 倍弦长处发生了流动分离，此时湍流脉动增强，造成在该攻角下的噪声特性表现为宽频特性。

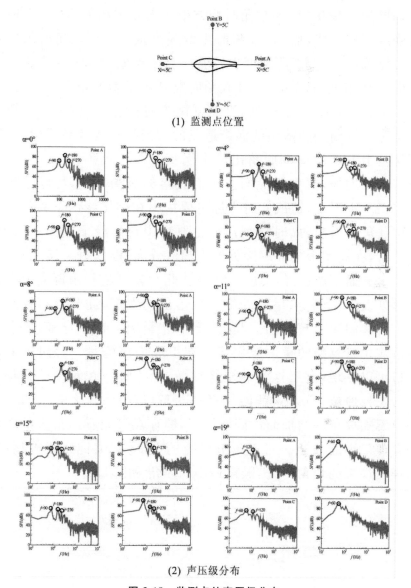

(1) 监测点位置

(2) 声压级分布

图 3-18　监测点处声压级分布

Fig. 3-18　Distribution of sound pressure level at monitor point

　　图 3-19 给出了不同攻角时翼型均方根压力云图,均方根压力可以反映噪声源强度。首先从云图中可以看出,无论在哪个攻角下,均方根压力云图在翼型上下翼面上的等值线均呈现出偶极子形状,这与声压级的指向性分布类似,也证明了翼型的气动噪声是偶极子源。由前文可知,翼型的气动噪声并不随攻角的增加而

单调增加。在 0°、4°、8°攻角时均方根压力云图相差不多,11°时声源强度稍弱一些,而 15°攻角时声源强度最弱,19°攻角时虽然声源传播范围大,但声源强度也较弱。上述现象出现的原因也可以从图 3-19 获得。从 0°、4°、8°攻角时翼型尾缘均方根压力可看出,声源区集中在上下尾缘处,沿翼型尾缘对称分布,该声源主要由钝尾缘上下周期脱落出的涡街造成的。当翼型攻角较小时,在钝尾缘处上下翼面周期脱落出两个涡街。而当攻角为 11°、15°时,随着攻角增加,翼型尾缘的上翼面脱落的涡街变弱,尾缘下翼面的涡街基本不变,造成此时声源主要集中在钝尾缘的下翼面。从图中还可以看出,此时翼型声源主要集中在尾缘下翼面。而 19°攻角时,在翼型上翼面尾缘处发生湍流分离,根据图 3-15 可知,此时在上翼面下游已经出现分离旋涡,此时翼型的噪声源向上翼面分离处发展,下翼面尾缘处继续脱落出的涡街,此时既有钝尾缘噪声有又湍流分离噪声,但尾缘噪声在量级上占主导地位,所以在该攻角时翼型的噪声源仍集中在下翼面尾缘处。经过上面的分析可以发现,对于这类钝尾缘翼型,尾缘噪声在翼型的自噪声中占主导地位,所以这就能解释图 3-17(f)中为什么翼型的气动噪声不随攻角的增加而单调增加了,即存在气动噪声最大的攻角和噪声最小的攻角。对于本节研究的 DU300 大钝尾缘翼型,气动噪声最大的攻角为 4°,噪声最小的攻角为 15°。

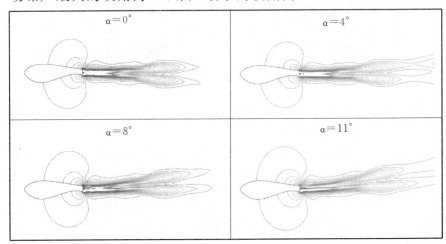

续表

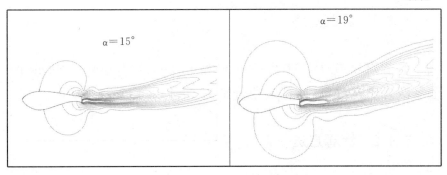

图 3-19　翼型均方根压力云图

Fig. 3-19　RMS pressure contours

　　小结:翼型声压级大小均随着半径距离的增加而逐渐减小,翼型噪声的指向性分布呈明显的偶极子形状。翼型尾缘处噪声明显要大于前缘噪声,但翼型前缘及尾缘噪声均小于翼型上下表面噪声值。在小攻角时,翼型声压级在翼型上下表面上的分布基本沿弦线对称分布;攻角较大时,声压级在上下翼型的分布基本沿来流对称分布。声压级随攻角的变化规律随在翼型四个方向上略有不同,总体上,翼型声压级的大小与攻角的关系不大。对于本节研究的 DU300 大钝尾缘翼型,15°攻角时,翼型气动噪声最小,而 4°攻角时气动噪声最大,0°攻角次之,之后依次是 8°、11°、19°攻角。

3.4　尾缘厚度对翼型气动噪声的影响

　　根据上节研究结果,对于钝尾缘翼型,尾缘脱落涡噪声在翼型自噪声中占很大比重,而尾缘厚度又是影响尾缘脱落涡特性的主要因素,因此,本节研究尾缘厚度对翼型气动噪声的影响。

3.4.1 算例描述

本节以常规 DU97-W-300 翼型和 DU97-W-300-flatback 两个翼型为研究对象，计算攻角分别为 0°、4°、8°、11°、15°、19°。

3.4.2 计算方法

网格分布与 3.2 节相同，本节采用 DES 湍流计算方法，计算设置也同 3.2 节。

3.4.3 结果分析

3.4.3.1 翼型气动特性

图 3-20 为翼型升阻力系数分布曲线。图中空心图例为 DU97-W-300 翼型（为方便对比文中将该翼型称为常规翼型）结果，实心图例为 DU97-Flatback 翼型（文中称为钝尾缘翼型）结果。从图中可以看到，钝尾缘翼型与常规翼型相比升力系数较高，但相应的阻力系数也较高。在 0°～15°攻角范围内为升力系数的线性段，但钝尾缘翼型升力系数曲线的斜率大于常规翼型，也就是说，在 15°攻角时钝尾缘翼型升力系数增加值要高于常规翼型在该攻角时的增加值；在 19°攻角时常规翼型已经开始失速，升力系数有所降低，但钝尾缘翼型仍未失速。阻力系数方面，在 0°～15°攻角范围内钝尾缘翼型阻力系数变化较小，而常规翼型随着攻角的增加阻力系数逐渐增加，19°攻角时，钝尾缘翼型与常规翼型阻力系数之间的差距变小。

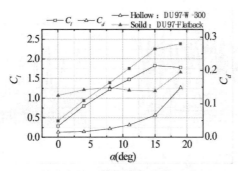

图 3-20　翼型升阻力系数分布

Fig. 3-20　Distribution of airfoil lift and drag coefficient

图 3-21 为翼型升阻力系数随时间变化曲线。图(a)中升力系数曲线随攻角的增加而增加,且波幅越来越大。19°、15°攻角下,升力系数在幅值上基本吻合,但 19°时升力系数在波谷位置处出现次数较多,造成 19°时平均升力系数有所降低。阻力系数随着攻角的增加而增加,波幅越来越大,19°攻角时阻力系数波动剧烈,此时翼型已经失速,湍流分离涡对翼型气动力的周期作用明显。图(b)中升阻力系数变化规律已经在图 3-12 中阐述过,这里不再进行阐述。对比图(a)、图(b)可以发现,常规翼型在 11°攻角之前波幅很小,而钝尾缘翼型波幅较大。这是由于常规翼型在小攻角时脱落涡强度较弱,对翼型的作用力很小,翼型绕流接近定常计算。而钝尾缘翼型即使在小攻角时也会在尾缘处周期的脱落出尺度较大的脱落涡,该脱落涡对翼型产生较强的周期作用力,从而使翼型升阻力系数周期震荡。

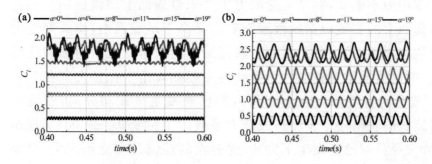

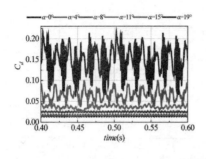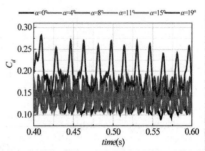

图 3-21   升阻力系数随时间变化规律

（a）DU97-W-300，（b）DU97-Flatback

Fig. 3-21   Change rule of lift and drag coefficient with time

图 3-22 为升力系数经过傅里叶变换后得到的功率谱分布。从图中可以看到，首先钝尾缘翼型升力系数的主频低于常规翼型，其次钝尾缘翼型在 0°～15°之间升力系数的主频基本保持不变，只有到 19°时升力系数的主频降为 60Hz，而常规翼型升力系数的主频一直在变，0°时主频为 300Hz，4°、8°时降为 280Hz，到 11°时变为 180Hz，而 15°时主频为 100Hz，19°时主频又变为 600Hz。分析原因这主要是由于钝尾缘翼型在 0°～15°范围内，翼型所有作用力主要来自钝尾缘周期脱落的涡街。尾缘脱落的涡街频率相对固定，造成翼型所受作用力的频率比较固定。在 19°攻角时，钝尾缘翼型在上翼面尾缘发生流动分离，此时翼型受到的力来自尾缘脱落的涡街以及分离旋涡的双重作用，从而改变了翼型的受力频率。而常规翼型尾缘厚度较小，受到尾缘脱落的涡街作用力不明显，翼型所受的力主要来自翼面上湍流旋涡。一方面翼面上的湍流旋涡脱落频率要明显高于尾缘涡街，使翼型受力的频率增加，另一方面翼面上湍流旋涡的脱落受攻角的影响比较大，所以造成常规翼型升力系数的主频随攻角变化较大。在 11°、15°攻角时常规翼型在上翼面可能已经发生了流动分离，湍流分离旋涡的脱落频率较慢造成升力系数的主频变低。而在 19°攻角时，常规翼型已经发生了失速，此时大的湍流分离旋涡产生，对翼型的作用力又变快，使翼型升力系数的主频迅速增加。

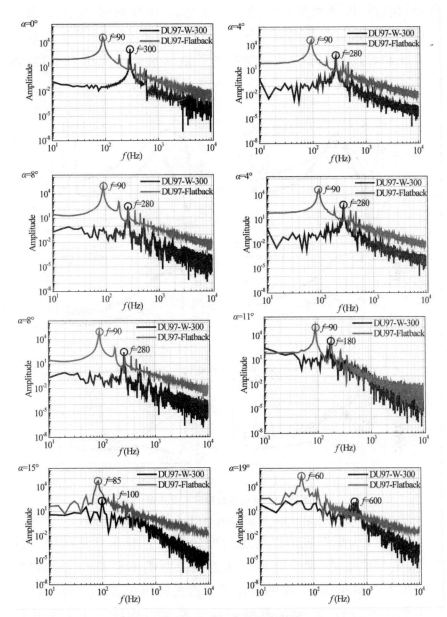

图 3-22　升阻力系数功率谱

Fig. 3-22　Power spectrum of lift and drag coefficient

图 3-23 为翼型表面压力系数分布曲线。在 0°～11°攻角时，常规翼型与钝尾缘翼型分布相差不多。15°攻角时,常规翼型 C_p 曲线在尾缘处出现较小的压力平台,此时出现了较小的流动分

离,而此时钝尾缘翼型未出现压力平台。19°攻角时,常规翼型在大约0.5倍弦长附近出现了压力平台,此时翼型已经产生了较大尺度流动分离,而钝尾缘翼型在0.7倍弦长处出现压力平台,说明钝尾缘翼型较常规翼型不容易发生流动分离。

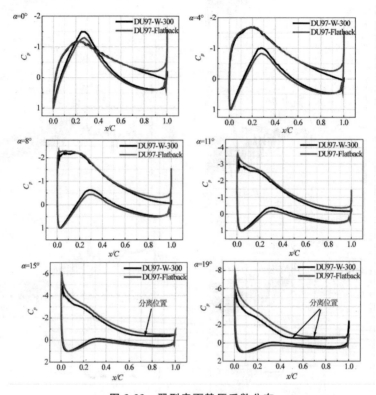

图 3-23　翼型表面静压系数分布

Fig. 3-23　Distribution of pressure coefficient on airfoil surfaces

图 3-24 为翼型吸力面与压力面转捩位置分布。从图中可以看到,在 0°攻角时,两个翼型在压力面及吸力面转捩位置比较接近。在 4°攻角时,钝尾缘翼型在吸力面的转捩位置大约在距前缘0.28倍弦长位置,而常规翼型转捩位置在距前缘 0.1 倍弦长位置。随着攻角的增加钝尾缘翼型在吸力面的转捩位置比常规翼型转捩位置更靠近前缘,说明在吸力面钝尾缘翼型更容易发生转捩。在压力面常规翼型转捩位置较钝尾缘翼型靠近前缘。

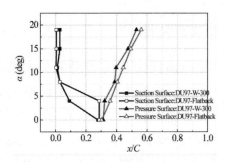

图 3-24　翼型吸力面、压力面转捩位置

Fig. 3-24　Location of transition on suction and pressure surface in airfoil

图 3-25 为翼型涡量云图。首先从图中可以看出，在小攻角下（0°、4°、8°），常规翼型尾缘脱落出的旋涡尺度小并且密集；钝尾缘翼型在尾缘处脱落的旋涡尺度大、涡核间距长；这与两种翼型升力系数的主频是相对应的（图 3-22），也与翼型升力系数的波幅是对应的（图 3-21）。当攻角达到 11°时，常规翼型吸力面近尾缘处出现明显流动分离，尾迹宽度明显增加；攻角达到 15°时，其尾迹宽度已经与钝尾缘翼型尾迹相当；当攻角达到 19°时，常规翼型的尾迹主要由吸力面的大尺度分离漩涡形成，而钝尾缘翼型的尾迹仍以尾缘脱落涡为主。这是两种翼型绕流特性的鲜明区别，也是两种翼型在大攻角下气动噪声差别的主要原因。

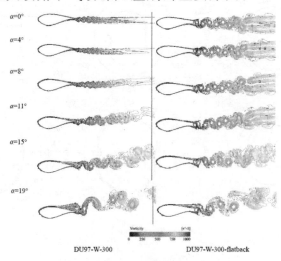

图 3-25　涡量云图

Fig. 3-25　Contours of vorticity

3.4.3.2　翼型噪声特性

图 3-26 为翼型噪声声压级指向性分布。首先从声压级的指向性分布的形状上看,钝尾缘翼型与常规翼型均表现为偶极子源。0°攻角时,在尾缘下游,常规翼型出现了声压级亏损区,表明在 0°攻角下,尾缘脱落涡噪声所占比例很小。而对于钝尾缘翼型,前缘出现声压级亏损区,表明前缘边界层噪声所占比例相对较小。其次,在 0°~11°攻角内,常规翼型声压级小于钝尾缘翼型声压级。此时,压力面和吸力面边界层噪声为常规翼型自噪声的主要来源。随着攻角增大,常规翼型的声压级开始增加。15°攻角时两种翼型声压级的大小绕翼型一周的分布相差不多。在 19°攻角时常规翼型声压级在周向大部分位置均已大于钝尾缘翼型。而且两种翼型在 0°~15°攻角时声压级指向性分布的对称轴几乎重合,但在 19°攻角时常规翼型的声压级指向性分布的偶极子形状不明显,且对上下对称轴不与钝尾缘翼型重合。从不同径向半径来看,不同半径位置处噪声的声压级指向性分布规律类似。

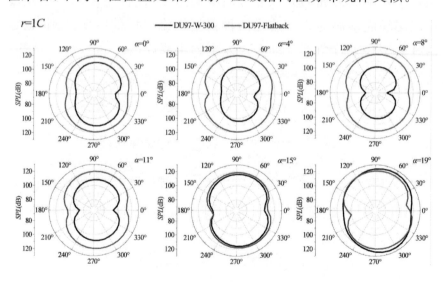

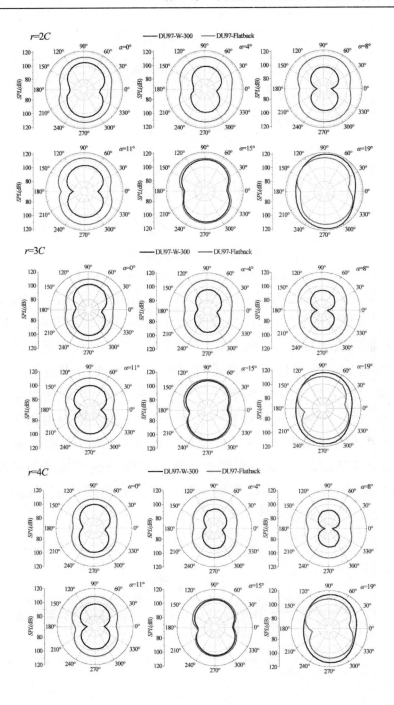

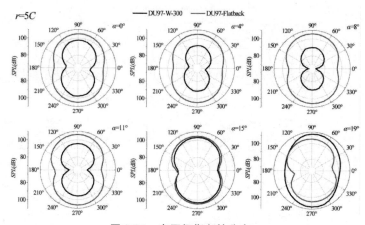

图 3-26　声压级指向性分布

Fig. 3-26　Directionality of sound pressure level

图 3-27 为翼型噪声声压级分布。从图中可以看出,常规翼型在 0°～11°攻角范围内,声压级分布在低频区存在明显的峰值,此为明显的低频特性,而在 15°、19°攻角时,声压级分布呈现出宽频特性,这是由于在这两个攻角时翼型已经出现了明显的湍流分离,此时湍流分离噪声在噪声源中占比较重要成分,所以呈现出宽频特性。而对于钝尾缘翼型在 0°～19°攻角范围内声压级分布在低频区均存在明显的峰值,呈现出低频特性,这是由于钝尾缘翼型尾缘厚度较大,无论在哪个攻角下尾缘处脱落的涡街强度均较强,所以尾缘噪声始终在噪声源中占比较重要地位,从而声压级分布呈现出低频特性。

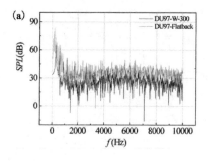
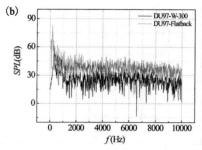

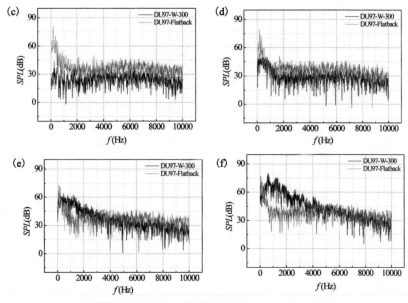

图 3-27　声压级分布

(a)$\alpha=0°$,(b)$\alpha=4°$,(c)$\alpha=8°$,(d)$\alpha=11°$,(e)$\alpha=15°$,(f)$\alpha=19°$

Fig. 3-27　Distribution of sound pressure level

(a)$\alpha=0°$,(b)$\alpha=4°$,(c)$\alpha=8°$,(d)$\alpha=11°$,(e)$\alpha=15°$,(f)$\alpha=19°$

图 3-28 为翼型平均总声压级分布,噪声监测点如图 3-17(1)所示。图(a)中平均总声压级为翼型四个方向声压级的平均值,图(b)中平均声压级为图(a)中声压级沿距离方向平均所得。从图(a)中可以看出,总声压级大小随着距离的增加而减小,其中钝尾缘翼型总声压级在不同攻角间的变化较小,而常规翼型总声压级随攻角的变化较大。从图(b)中可以看出,钝尾缘翼型声压级最大的攻角为 4°,声压级最小的攻角为 15°,而常规翼型声压级最大的攻角为 19°,声压级最小的攻角为 8°,常规翼型声压级随攻角的变化是先减小后增大。钝尾缘翼型在 0°～15°攻角范围内,声压级要大于常规翼型声压级,而在 19°时,常规翼型声压级大于钝尾缘声压级。在 19°攻角时,常规翼型已经失速,翼型上表面存在较大尺度的流动分离,翼型的噪声源中湍流分离占主要成分,而钝尾缘翼型此时并未有这么大尺度的流动分离,翼型噪声源中钝尾缘噪声仍占主要成分,所以此时常规翼型的声压级要大于钝尾缘翼型。

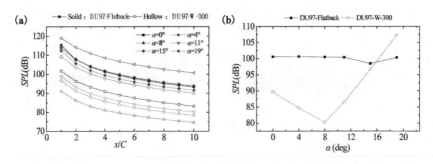

图 3-28　平均总声压级

Fig. 3-28　Average total sound pressure level

　　图 3-29 为翼型均方根压力分布。从总体上看,两个翼型的噪声源均集中在翼型尾缘处,且随着攻角的增加向翼面的前缘发展。从均方根压力云图来看,在 0°～19°攻角范围内常规翼型的噪声源强度均低于钝尾缘翼型,在 0°～11°攻角范围内尤为明显。

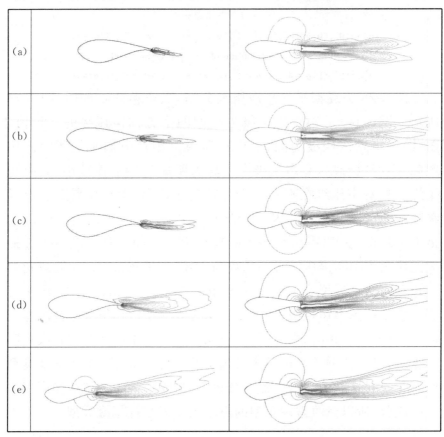

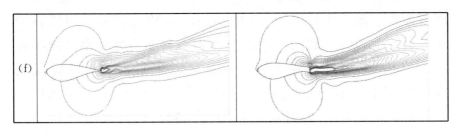

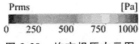

图 3-29　均方根压力云图

(a) $\alpha=0°$,(b) $\alpha=4°$,(c) $\alpha=8°$,(d) $\alpha=11°$,(e) $\alpha=15°$,(f) $\alpha=19°$

Fig. 3-29　Contours of RMS pressure

(a) $\alpha=0°$,(b) $\alpha=4°$,(c) $\alpha=8°$,(d) $\alpha=11°$,(e) $\alpha=15°$,(f) $\alpha=19°$

小结:在所研究攻角范围内,钝尾缘翼型与常规翼型相比升力系数较高,但相应的阻力系数也较高。且钝尾缘翼型升力系数的主频均低于常规翼型,说明常规翼型尾缘旋涡脱落的速度比钝尾缘翼型快。常规翼型在小攻角时,声压级分布呈现出低频特性,在大攻角时,呈现出宽频特性。而对于钝尾缘翼型在所研究的攻角范围内,声压级分布均呈现出低频特性。钝尾缘翼型声压级最大的攻角为 4°,声压级最小的攻角为 15°,而常规翼型声压级最大的攻角为 19°,声压级最小的攻角为 8°,常规翼型声压级随攻角的变化是先减小后增大。钝尾缘翼型在 0°～15°攻角范围内,声压级要大于常规翼型声压级,而在 19°时,常规翼型声压级大于钝尾缘声压级。

3.5　基于涡发生器的翼型降噪研究

3.5.1　涡发生器对 DU300 翼型气动噪声的影响

3.5.1.1　算例描述

本小节以 DU97-W-300 翼型为研究对象,相对厚度 30%,计算弦长 0.6m,钝尾缘。为了既使研究的模型简单以便于分析,又能包含数个涡发生器（Vortex Generators，VGs 代表成对或多个多组涡发生器，VG 代表一个涡发生器），将基准翼型沿展向平移0.14m，形成一个可等距安装四对涡发生器的翼型段。VG 安装吸力面，轴向位置距离前缘 0.2C 处。翼型几何及 VGs 结构尺寸及排列方式见图 3-30，图中尺寸单位为 mm。计算攻角：0°、4°、8°、11°、15°、19°。

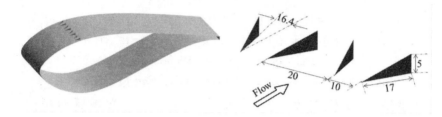

图 3-30　翼型以及 VGs 几何

Fig. 3-30　Geometry of airfoil and VGs

3.5.1.2　计算方法

计算网格:采用商业软件 ICEM 进行网格划分。网格为多块结构化网格，网格总数约 400 万。第一层网格高度 0.01mm，平均 $y^+ < 1$，满足计算要求。网格分布见图 3-31。由于实体 VG 只有0.2mm 的厚度，在划分网格时将 VG 假设成一个 0 厚度的面。这样处理最大的好处在于:一可以减少划分网格时的工作量，二只需通过改变 VG 所在面的边界条件（固体壁面和连接面），就可以在同一套网格下进行有无 VG 时翼型计算，避免了因为网格不同而引起的数值误差。

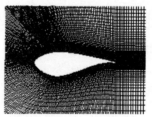

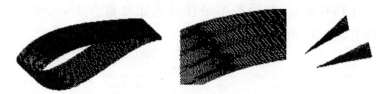

图 3-31　计算网格

Fig. 3-31　Computation mesh

边界条件:给定速度进口,压力出口,计算域两侧设置为对称边界。涡发生器及叶片设置为绝热无滑移壁面。计算域及边界条件见图 3-32。

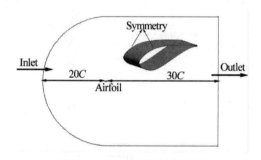

图 3-32　计算域及边界条件

Fig. 3-32　Computational domain and boundary condition

计算方法:数值计算采用 DES 方法进行计算,数值方法及时间步长等设置同 3.2 节。

3.5.1.3　结果分析

3.5.1.3.1　翼型气动特性

图 3-33 为加装涡发生器前后翼型升阻力系数及升阻比分布曲线。由图(a)可知,带 VGs 翼型在 0°、4°攻角时升力系数略有降低,在 8°、11°、15°攻角时升力系数有所增加,在 19°攻角时洁净翼型已经发生失速,而带 VGs 翼型升力系数仍在增加,且此时升力系数增加较多。由图(b)可知,0°、4°攻角时,带 VGs 翼型阻力系数有所增加,在 8°~19°攻角范围内,带 VGs 翼型阻力系数均有所降低,19°攻角时阻力系数降低较多。由图(c)可知,在 0°、4°攻角时,带 VGs 翼型升阻比降低,但在 8°~19°攻角范围内,带 VGs 翼

型升阻比均有增加,洁净翼型最佳升阻比攻角为 $4°$,而带 VGs 翼型最佳升阻比攻角为 $8°$。

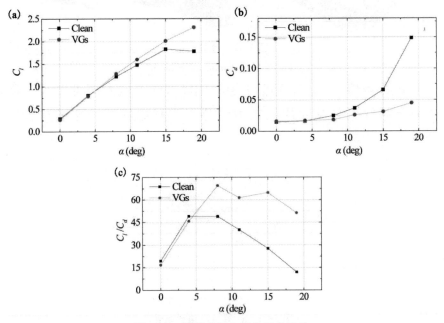

图 3-33　翼型升阻力系数及升阻比

(a) 升力系数,(b) 阻力系数,(c) 升阻比

Fig. 3-33　Lift coefficient, drag coefficient and lift-drag ratio of airfoil

(a) Lift coefficient, (b) Drag coefficient, (c) Lift-drag ratio

　　图 3-34 为带 VGs 翼型升阻力系数及升阻比较洁净翼型变化值。由图(a)可知,带 VGs 翼型在 $0°$、$4°$攻角时升力系数分布降低了 7.79%、2.27%,而 $8°\sim19°$攻角时升力系数均有增加,$19°$时升力系数增加了 29.69%。由图(b)可知,带 VGs 翼型在 $0°$、$4°$攻角时阻力系数分布增加了 6.89%、4.72%,而在 $8°\sim19°$攻角时阻力系数均有降低,$19°$攻角时阻力系数降低了 69.73%。由图(c)可知,在 $0°$、$4°$攻角时,带 VGs 翼型升阻比分别降低了 13.71%、6.68%,而在 $8°\sim19°$攻角时升阻比均有提高,$19°$时升阻比提高了近 328.75%。综上可知,在翼型处于较小攻角时 VGs 会使翼型升力系数降低,增加阻力,升阻比降低,而在较大攻角时 VGs 可以提高翼型升力,降低阻力,增加升阻比。这是由于翼型处于较

小攻角时,洁净翼型本身未发生流动分离或处于层流状态,此时
VGs 会破坏流体的流态,引起湍流损失,甚至会引发流动分离,所
以当翼型未发生流动分离时 VGs 会降低翼型升阻比。当翼型处
于较大攻角时,在洁净翼型翼面上会产生流动分离,此时 VGs 产
生的流向涡会推迟或抑制流动分离,所以在较大攻角时 VGs 会
增加翼型升阻比。

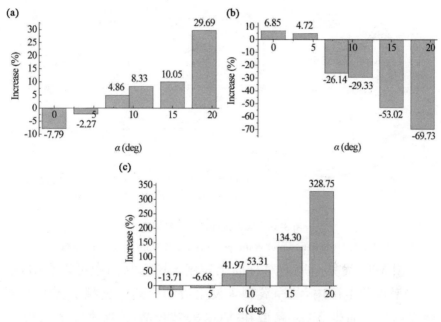

图 3-34　有无 VGs 翼型升阻力系数及升阻比变化值

(a) 升力系数,(b) 阻力系数,(c) 升阻比

Fig. 3-34　Lift coefficient, drag coefficient and lift-drag ratio of airfoil with/no VGs

(a) Lift coefficient, (b) Drag coefficient, (c) Lift-drag ratio

图 3-35 为有无 VGs 时翼型表面静压系数曲线对比,C_p 的取
值位置为翼型展向中间截面位置,如图 $\alpha = 0°$ 图中所示,图中 C_p
曲线向下凸出位置为 VGs 安装位置。从图中可以看出,在 0° 攻
角时,带 VGs 翼型 C_p 曲线吸力峰值较洁净翼型降低,翼型上下
压差减小,所以此攻角时带 VGs 翼型升力系数降低;在 4° 攻角
时,带 VGs 翼型 C_p 曲线在 VGs 安装位置有所降低外,其余位置
与洁净翼型 C_p 分布相差不多;8°、11° 攻角时,带 VGs 翼型较洁净

翼型 C_p 曲线的吸力峰值有所提高,翼型上下压差略有增加;15°攻角时,洁净翼型 C_p 曲线在大约 0.6 倍弦长处出现压力平台,而带 VGs 翼型 C_p 曲线未出现压力平台;19°攻角时,洁净翼型 C_p 曲线在大约 0.4 倍弦长处出现压力平台,带 VGs 翼型 C_p 曲线也未出现压力平台,说明在 15°、19°攻角时 VGs 较好地抑制了流动分离,增加了翼型上下表面压差。

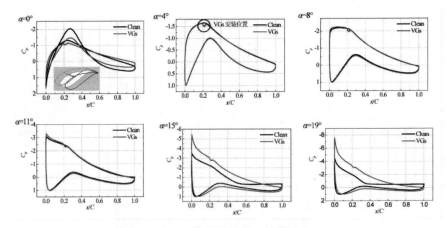

图 3-35　翼型表面静压系数对比

Fig. 3-35　Comparison of static pressure coefficients on airfoil surface

图 3-36 为翼型展向对称面上速度云图。从图中可以看出,在 0°~11°攻角范围内,洁净翼型未发生流动分离。翼型上翼面速度梯度均匀。而带 VGs 翼型在 VGs 安装位置下游速度值突然变大,说明 VGs 增加了边界层内流体动能。在 15°、19°攻角时,洁净翼型在上翼面尾缘处发生了流动分离,而带 VGs 翼型流动分离消失,从而提高了翼型气动力。

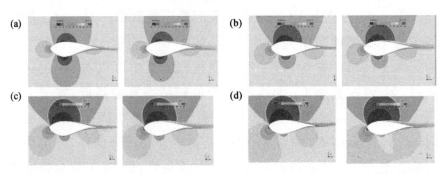

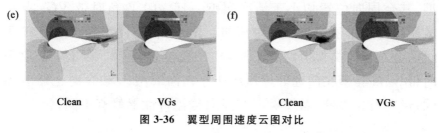

Clean　　　　VGs　　　　　　Clean　　　　VGs

图 3-36　翼型周围速度云图对比

(a) $\alpha=0°$,(b) $\alpha=4°$,(c) $\alpha=8°$,(d) $\alpha=11°$,(e) $\alpha=15°$,(f) $\alpha=19°$

Fig. 3-36　Contours of velocity around airfoil

(a) $\alpha=0°$,(b) $\alpha=4°$,(c) $\alpha=8°$,(d) $\alpha=11°$,(e) $\alpha=15°$,(f) $\alpha=19°$

3.5.1.3.2　翼型噪声特性

图 3-37 为噪声在不同攻角及不同径向位置处噪声指向性分布,监测点位于展向中间对称面上。从图中可见,首先洁净翼型的噪声指向性分布呈偶极子形状,而带 VGs 翼型噪声指向性分布虽然总体上也呈现偶极子形状,但在周向不同位置处声压级会有凸出。这是由于翼型带 VGs 后,VGs 产生的集中涡会产生旋涡噪声,会影响翼型噪声指向性分布。其次,在 0°、4°攻角时带 VGs 翼型声压级强度在周向不同位置处明显小于洁净翼型的声压级。结合图 3-36 可以发现,当翼型在小攻角时分离很小或几乎没什么分离,此时翼型气动噪声主要是尾缘脱落涡噪声。对于洁净翼型,在翼型上表面尾缘处流体动能较低,尾缘上下翼面压差较大。流体从下翼面绕过尾缘流向上翼面时尾缘脱落涡强度大,此时翼型噪声源中尾缘脱落涡占主导。当加 VGs 后,由于小攻角时翼型上表面逆压梯度很小,涡发生器产生的集中涡可以一直保持到尾缘处。此时,集中涡使翼型尾缘处上下压差削弱,流体从下翼面绕过尾缘流向上翼面时尾缘脱落涡强度减弱,从而尾缘脱落涡噪声减弱。虽然 VGs 产生的集中涡会有湍流噪声,但集中涡的尺度及强度相对于翼型本身是很小的,所以在小攻角时,VGs 会降低翼型气动噪声。当攻角增大到 8°时,带 VGs 翼型声压级强度在周向大部分位置处略大于洁净翼型,但在尾缘位置小于洁净翼型。11°攻角情况与 8°攻角类似,但 11°攻角在半径 $r=$ 1C 时,带 VGs 翼型声压级只有在前缘位置处声压级大于洁净翼

型,其余周向位置均小于洁净翼型。15°、19°攻角时带 VGs 翼型
声压级均小于洁净翼型的声压级。最后,在不同半径位置处声压
级的分布规律类似但略有不同,在半径位置 $r \geqslant 2C$ 以上,11°攻角
时带 VGs 翼型在前远处声压级小于洁净翼型;8°攻角时也略有不
同;说明有无 VGs 翼型噪声在径向传播特性上略有不同。

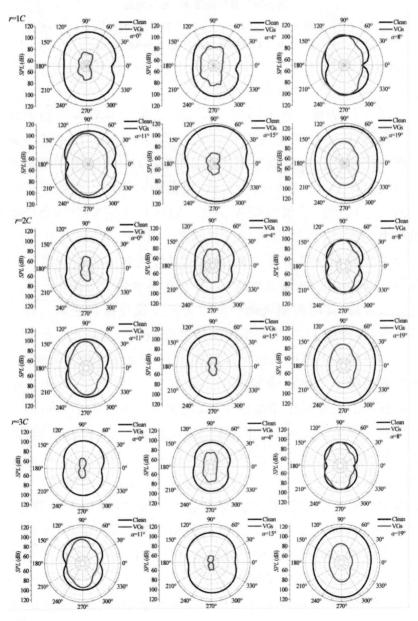

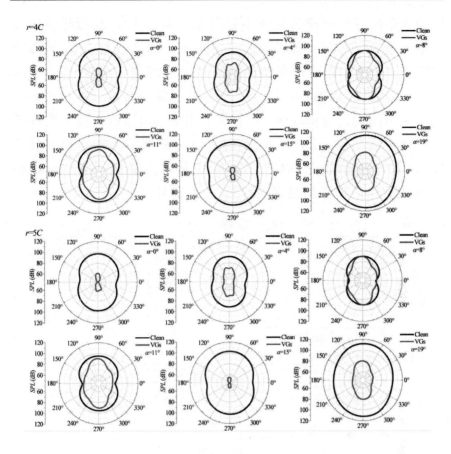

图 3-37 翼型噪声指向性分布

Fig. 3-37 Directionality of airfoil noise

图 3-38 为翼型在四个方向上总声压级沿径向分布规律及声压级平均值,监测点位于翼型展向中间对称面上,图(a)、(b)、(c)、(d)分别为翼型四个方向上声压级分布规律,图(e)为四个方向上平均值再沿径向平均得到的声压级平均值,图(f)为带 VGs 翼型声压级较洁净翼型相对变化值。首先由图(a)、(b)、(c)、(d)可以看出,在翼型四个方向上,在大部分攻角下带 VGs 翼型的声压级均低于洁净翼型。无论有无 VGs,在翼型尾缘处声压级的值大于前缘噪声值,而翼型上下翼面上声压级大小相差不多,且翼型上下翼面上声压级均大于尾缘与前缘噪声值。由图(e)可知,洁净翼型噪声值最低的攻角为 8°,噪声值最高的攻角为 19°,声压

级随攻角的变化规律为先减小后增加。而带 VGs 翼型噪声值最低的攻角为 15°,噪声值最高的攻角为 11°,但 8°攻角与 11°攻角声压级相差不多,带 VGs 翼型声压级随攻角的变化规律是先增加,后减小,然后再增加,所以 VGs 在不同攻角下对翼型噪声的影响规律是不同的。由图(f)可知,在大部分攻角下,VGs 能起到降低翼型噪声的功能,只有在 8°攻角时 VGs 使翼型的噪声值增加了近 2.27%,其余攻角 VGs 均使翼型噪声值降低,15°攻角时带 VGs 翼型噪声值降低最多,噪声值相对降低了 48.87%。

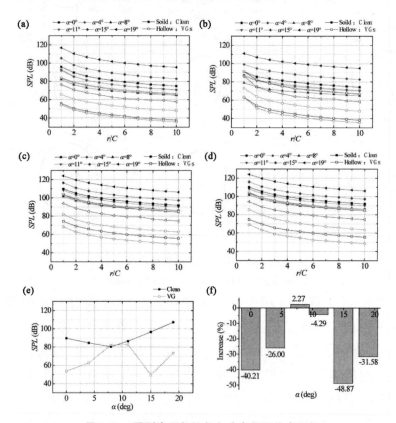

图 3-38　翼型声压级沿径向分布及平均声压级

(a) 尾缘,(b) 前缘,(c) 上翼面,(d) 下翼面,(e) 声压级平均值,(f) 声压级变化值

Fig. 3-38　Radial distribution of airfoil sound pressure level,

average sound pressure level

(a) Trailing edge, (b) Leading edge, (c) Upper surface, (d) bottom surface,

(e)Average value of sound pressure level, (f) variation of sound pressure level

图 3-39 为翼型尾缘下游,距尾缘 5C 处声压级频谱图。首先从图中可以看出,在 0°、4°、15°、19°攻角时,带 VGs 翼型声压级分布均低于洁净翼型。在 8°、11°攻角时,在高频区域,带 VGs 翼型声压级略低于洁净翼型的声压级,而在低频区略高于洁净翼型的声压级。对于洁净翼型,在 0°～11°攻角范围内,翼型的噪声特性呈现出低频特性,而 15°、19°攻角时呈现出连续的宽频特性。对于带 VGs 翼型,在所有攻角下,翼型噪声分布均呈现出低频特性,低频噪声分量在噪声分布中占重要比重。

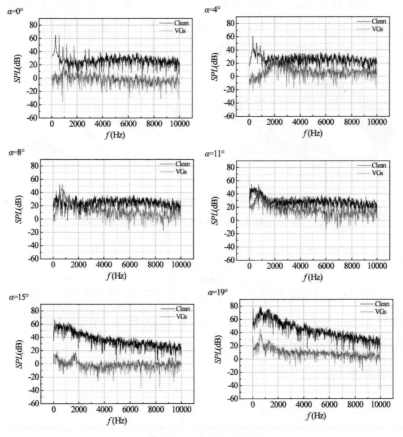

图 3-39　声压级频谱图

Fig. 3-39　Frequency spectrum of sound pressure level

3.5.2 涡发生器对 DU400 翼型气动噪声的影响

根据上节研究,在大攻角下,VGs 可以有效抑制流动分离,减小分离流噪声。为了继续深入研究 VGs 对不同厚度翼型气动噪声的降噪效果,本节以较大厚度翼型为对象进行计算。

3.5.2.1 算例描述

本节计算翼型为 DU00-W2-401 翼型,翼型弦长 0.6m,相对厚度 40%,尾缘厚度 1%。VGs 布置于翼型上表面,距前缘 $0.2C$ 处,VGs 尺寸如图 3-40 所示,图中尺寸单位为 mm。

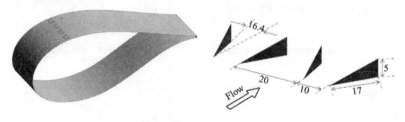

图 3-40 DU00-W2-401 翼型几何及 VGs 几何
Fig. 3-40 Geometry of DU00-W2-401airfoil and VGs

3.5.2.2 计算方法

采用 DES 湍流方法进行数值计算,其余设置同 3.2 节,计算攻角分别为 5°、10°、15°、19°、23°,计算雷诺数 $Re = 3 \times 10^{6}$。

计算网格:网格分布同 3.5.1 节相似。

边界条件:边界条件同 3.5.1 节。

3.5.2.3 结果分析

3.5.2.3.1 翼型气动特性

图 3-41 为翼型升阻力系数及升阻比曲线。由图(a)可知,在 5°、10°、15°三个攻角下,带 VGs 翼型升力系数均有提高,且 15°攻角时提高最多,而 19°、23°攻角时升力系数有所降低。由图(b)可

知,在 5°、10°、15°三个攻角下,带 VGs 翼型阻力系数有所降低,而 19°、23°攻角时带 VGs 翼型阻力系数增加。由图(c)可知,在 5°、10°、15°三个攻角下,带 VGs 翼型升阻比提高,而 19°、23°攻角时升阻比降低。

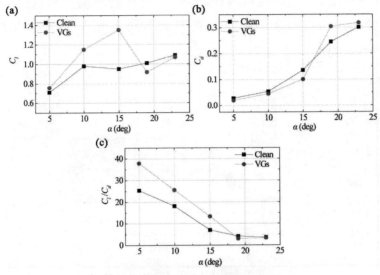

图 3-41　翼型升阻力系数及升阻比

(a) 升力系数,(b) 阻力系数,(c) 升阻比

Fig. 3-41　Lift coefficient, drag coefficient and lift-drag ratio of airfoil

图 3-42 为带 VGs 时翼型升阻力系数及升阻比较光滑翼型变化值。由图 a)可知,带 VGs 翼型升力系数在 5°、10°、15°三个攻角下均有增加,且 15°攻角时升力系数增加了近 42%,但在 19°、23°攻角时升力系数均有降低,19°攻角时升力系数降低了近 9.2%。由图 b)可知,对于翼型的阻力系数,5°、10°、15°三个攻角下带 VGs 翼型阻力系数均有降低,且阻力系数降低最多的攻角发生在 5°攻角,阻力系数下降了近 28%,但 19°、23°攻角时,带 VGs 翼型阻力系数均有增加,19°攻角时增加最多,增加了近 24%。由图 c)可知,带 VGs 翼型在 5°、10°、15°三个攻角下升阻比均有提高,15°攻角时升阻比提高最多,提高了近 91%,但 19°、23°攻角时升阻比有所降低。综上可知,对于该翼型 VGs 在 5°~15°攻角时能增加翼型升力,降低阻力,提高升阻比,但在 19°、23°这样大攻角时,

VGs 不但不能提高翼型升力反而会降低翼型升力,增加阻力。这一结论与 DU300 翼型所得结论不同,这是因为对于这类大厚度翼型,洁净翼型在较小攻角下就会发生流动分离,此时 VGs 能抑制流动分离,提高翼型升阻比;但在大攻角时洁净翼型分离位置靠近 VGs 安装位置,此时 VGs 不但不能抑制流动分离,还会诱发提前分离。所以对于不同厚度翼型及不同工况 VGs 对翼型的作用效果也不同。

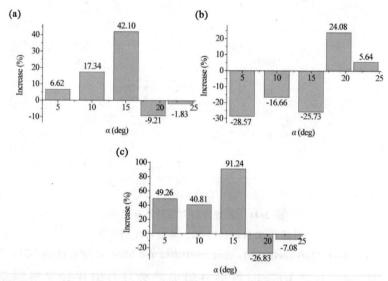

图 3-42　有无 VGs 翼型升阻力系数及升阻比变化值

(a) 升力系数,(b) 阻力系数,(c) 升阻比

Fig. 3-42　Lift coefficient, drag coefficient and lift-drag ratio of airfoil with/no VGs

图 3-43 为有无 VGs 翼型表面静压系数 C_p 分布曲线,C_p 曲线所在截面位于展向对称面上。从图中可以看出,5°攻角时,在洁净翼型吸力面尾缘约 0.7 倍弦长处出现压力平台,此时在尾缘处发生了小尺度流动分离,但带 VGs 翼型 C_p 曲线在吸力面尾缘未出现压力平台,说明此时 VGs 抑制了尾缘处的流动分离。10°攻角时,洁净翼型 C_p 曲线在距前缘约 0.5 倍弦长处出现压力平台,此时翼型发生了较大的流动分离,带 VGs 翼型 C_p 曲线压力平台略微后移,但吸力峰值较洁净翼型提高。15°攻角时洁净翼型 C_p 曲线压力平台继续向前缘靠近,此时带 VGs 翼型 C_p 曲线

压力平台后移,且吸力峰值高于洁净翼型。19°攻角时,洁净翼型
C_p 曲线在大约距前缘 0.25 倍左右出现压力平台,此时分离位置
距 VGs 安装位置(0.2C)较近,所以造成带 VGs 翼型 C_p 曲线在
大约 0.2 倍弦长处变得平缓,但未完全产生压力平台。23°攻角
时,洁净翼型 C_p 曲线在距前缘 0.2 倍左右出现压力平台,此时分
离基本处于 VGs 安装位置(0.2C),此时 VGs 已经不能抑制流动
分离,所以在该攻角下有无 VGs 翼型的 C_p 曲线分布相差不多。
从上面的分析可知,VGs 抑制流动分离时,分离位置应在 VGs 下
游一定位置处,当分离点距 VGs 太近或处于 VGs 上游时,VGs
不仅不能抑制流动分离,还可能诱导提前分离。

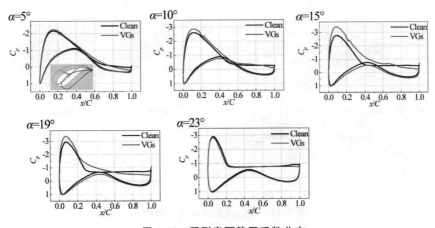

图 3-43　翼型表面静压系数分布

Fig. 3-43　Distribution of static pressure coefficient on airfoil surface

图 3-44 为翼型展向对称面上速度云图。从图中可以看出,在
5°攻角时,在洁净翼型上翼面尾缘处存在较小的流动分离,而带
VGs 翼型在尾缘也存在一些流动分离。10°、15°攻角时洁净翼型
分离区变大,分离位置更靠近前缘,此时带 VGs 翼型在 VGs 下游
流图速度增加,虽然 VGs 未能完全抑制流动分离,但 VGs 推迟了
分离位置,减小了分离区域。19°攻角时,洁净翼型分离位置更靠
近前缘,分离尺度继续变大,此时带 VGs 翼型在大约 VGs 的安装
位置发生分离,较洁净翼型分离更加提前,分离尺度更大。此时
加了 VGs 翼型分离比洁净分离大,这是由于 VGs 只有布置在分

离上游才能起到抑制流动分离的目的,VGs 产生集中涡强度与流过 VG 的速度呈正比,当 VGs 安装位置靠近分离位置时,流体动能本来已经很低,再遇到 VGs 后不但不能产生集中涡,还会诱导流动提前分离,所以此时加了 VGs 翼型,分离比洁净翼型还大。23°攻角时,洁净翼型在大约 VGs 安装位置处发生流动分离,此时,带 VGs 翼型分离位置也在 VGs 安装位置处,在该攻角下,有无 VGs 控制翼型的分离尺度相差不多。

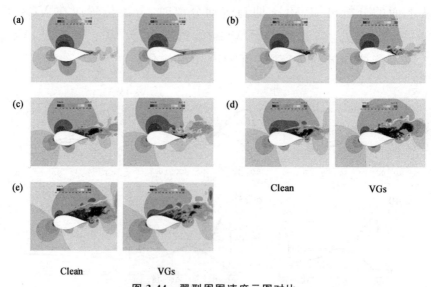

图 3-44　翼型周围速度云图对比

(a) $\alpha=5°$,(b) $\alpha=10°$,(c) $\alpha=15°$,(d) $\alpha=19°$,(e) $\alpha=23°$

Fig. 3-44　Contours of velocity around airfoil

(a) $\alpha=5°$,(b) $\alpha=10°$,(c) $\alpha=15°$,(d) $\alpha=19°$,(e) $\alpha=23°$

3.5.2.3.2　翼型噪声特性

图 3-45 为有无 VGs 时翼型声压级指向性分布。噪声监测面位于翼型展向中间对称面上。由图可见,在 5°攻角时,带 VGs 翼型声压级在翼型一周 360°方向角上均小于洁净翼型的声压级;在 10°攻角时,在 0°~30°方向角以及 180°~210°方向角间,带 VGs 翼型声压级与洁净翼型的相差不多。在其余方向角位置,带 VGs 翼型声压级略小于洁净翼型的。在 15°攻角时,在翼型一周 360°方向角范围内,带 VGs 翼型声压级均大于洁净翼型的。19°攻角时,带 VGs 翼型声压级在翼型一周 360°方向角上均小于洁净翼

型的。23°攻角时，带 VGs 翼型在翼型尾缘 270°～90°方向角范围内声压级要大于前缘 90°～270°方向角范围内声压级，且在大部分径向位置处，带 VGs 翼型在 270°～90°方向角范围内声压级要大于洁净翼型声压级，而前缘 90°～270°方向角范围内声压级小于洁净翼型声压级。在不同攻角带 VGs 翼型声压级指向性分布形状不太规则，这可能与 VGs 产生的涡流噪声有关。随着径向距离的增加，翼型声压级逐渐降低，不同径向位置处声压级分布规律类似。

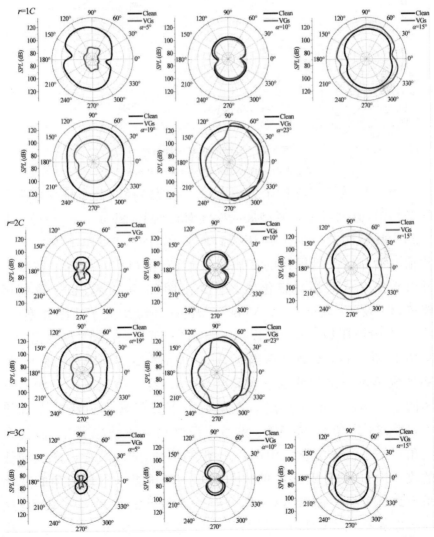

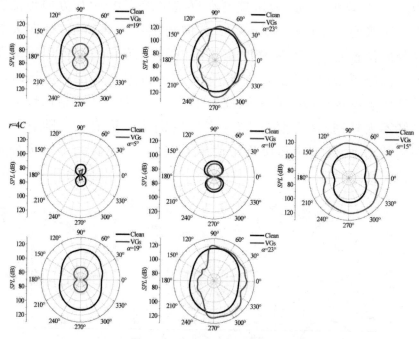

图 3-45　翼型噪声指向性分布

Fig. 3-45　Directionality of airfoil noise

图 3-46 为翼型在四个方向上总声压级沿径向分布规律及声压级平均值,监测点位于翼型展向中间对称面上,图(a)、(b)、(c)、(d)分别为翼型四个方向上声压级分布规律,图(e)为四个方向上平均值再沿径向平均得到的声压级平均值,图(f)为带 VGs 翼型声压级较洁净翼型相对变化值。首先由图(a)可以看出,在翼型尾缘处,15°及 23°攻角时,带 VGs 翼型的声压级均大于洁净翼型,且23°攻角时声压级大于 15°攻角。由图(b)可知,在翼型前缘出,15°攻角下,带 VGs 翼型声压级略高于洁净翼型,但其余攻角下,带VGs 翼型声压级均低于洁净翼型,这与尾缘处声压级的分布略有不同。由图(c)、图(d)可知,在翼型上下翼面处声压级分布规律中,15°、23°攻角时,带 VGs 翼型声压级均大于洁净翼型,而其余攻角均小于洁净翼型。由图(e)、图(f)可知,洁净翼型声压级最低的攻角为 5°,声压级最高的攻角为 23°,声压级基本与攻角的变化呈正线性关系。而带 VGs 翼型声压级最低的攻角为 5°攻角,这与洁净翼型相同,但声压级最高的攻角为 15°攻角,其次是 23°攻

角,而 19°时声压级均小于 15°、23°攻角。在 5°、10°、19°三个攻角下,VGs 均降低了翼型气动噪声,在 19°时噪声值降低最多,噪声值大约降低了 24%。而 15°、23°两个攻角下,带 VGs 翼型噪声值增加了,在 15°攻角时翼型噪声值最多增加了 15%。

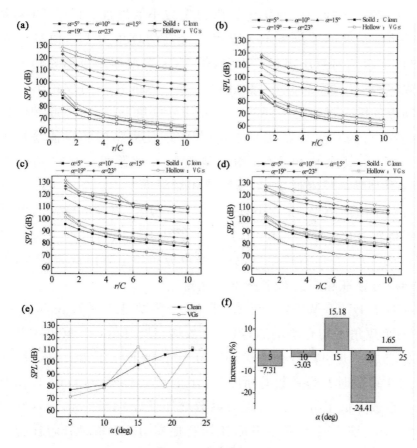

图 3-46　总声压级分布

(a) 尾缘,(b) 前缘,(c) 翼面,(d) 下翼面,(e) 声压级平均值,(f) 声压级变化值

Fig. 3-46　Distribution of total sound pressure level

(a) Trailing edge, (b) Leading edge, (c) Upper surface, (d) bottom surface,

(e) Average value of sound pressure level, (f) variation of sound pressure level

　　小结:对于 DU93-W-300 带 VGs 翼型在较小攻角时 VGs 会使翼型升力系数降低,增加阻力,升阻比降低,而在较大攻角时 VGs 可以提高翼型升力,降低阻力,增加升阻比。在 0°、4°攻角时升力系数分布分别降低了 7.79%、2.27%,阻力系数分别增加了

6.89%、4.72%，升阻比分别降低了 13.71%、6.68%。而 8°~19°攻角时升力系数均有所增加，阻力系数有所降低。19°时升力系数增加了 29.69%，阻力系数降低了 69.73%，升阻比提高了近 328.75%。洁净翼型噪声值最低的攻角为 8°，噪声值最高的攻角为 19°，声压级随攻角的变化规律为先减小后增加。而带 VGs 翼型噪声值最低的攻角为 15°，噪声值最高的攻角为 11°，但在 8°攻角与 11°攻角时声压级相差不多，带 VGs 翼型声压级随攻角的变化规律是先增加，后减小，然后再增加，VGs 在不同攻角下对翼型噪声的影响规律是不同的。在大部分攻角下，VGs 能起到降低翼型噪声的功能，只有在 8°攻角时 VGs 使翼型的噪声值增加了近 2.27%，其余攻角 VGs 均使翼型噪声值降低，15°攻角时带 VGs 翼型噪声值降低最多，噪声值相对降低了 48.87%。

对于洁净翼型，在较小攻角（小于 11°）时，翼型的噪声特性呈现出低频特性，而较大攻角时呈现出连续的宽频特性。对于带 VGs 的翼型，在所有攻角下，翼型噪声分布均呈现出低频特性，低频噪声分量在噪声分布中占重要比重。

对于 DU00-W2-401 翼型，带 VGs 翼型升力系数在 5°、10°、15°三个攻角下均有所增加，阻力系数均有所降低，15°攻角时升力系数增加了近 42%，在 5°攻角，阻力系数下降了近 28%，但在 19°、23°攻角时升力系数有所降低，阻力系数有所增加，19°攻角时升力系数降低了近 9.2%，阻力系数增加了近 24%。带 VGs 翼型在 5°、10°、15°三个攻角下升阻比均有提高，15°攻角时升阻比提高最多，提高了近 91%，但 19°、23°攻角时升阻比有所降低。

洁净翼型声压级最低的攻角为 5°，声压级最高的攻角为 23°，声压级基本与攻角的变化呈正线性关系。而带 VGs 翼型声压级最低的攻角为 5°攻角，这与洁净翼型相同，但声压级最高的攻角为 15°攻角，其次是 23°攻角。在 5°、10°、19°三个攻角下，VGs 均降低了翼型气动噪声，在 19°时噪声值降低最多，噪声值大约降低了 24%。而在 15°、23°两个攻角下，反而使翼型噪声值增加了，在 15°攻角时翼型噪声值最多增加了 15%。

3.6　本章小结

本章首先以 DU97-W-300 及 DU97-W-300-flatback 两个翼型为研究对象，分别研究了数值方法的可靠性、攻角对翼型气动噪声的影响以及尾缘厚度对翼型气动噪声的影响。之后分别以 DU97-W-300、DU00-W2-401 翼型为研究对象，研究了涡发生器对翼型气动噪声的影响。主要得出以下结论：

（1）本章所采用的三种湍流计算方法得到声压级的主频基本一致，主频所对应的声压级也基本一致，计算所得主频比实验主频较低，但声压级的峰值相差不多，在声压级随频率的变化趋势上 URANS 与 DES 计算结果比较接近，且 DES 计算结果更加接近实验值，LES 计算结果在高频区与实验值相差较大。TNO 与 BPM 计算声压级在高频区与实验值吻合较好，但在低频区与实验值相差较多。TNO 与 BPM 计算结果中，BPM 计算结果更加接近实验值。CFD 计算结果与 TNO 及 BPM 结果在高频区较接近，但在低频区 CFD 计算结果优于 TNO 及 BPM 计算结果。流场中声压的变化与压力的变化是密不可分的，流场中声压脉动与压力脉动得到的主频及高阶谐波频率基本一致。在翼型下游的流向上，不同空间点处声压频谱的主频基本一致。

（2）翼型声压级大小均随着半径距离的增加而逐渐减小，翼型噪声的指向性分布呈明显的偶极子形状。翼型尾缘下游噪声明显要大于前缘噪声，但翼型前缘及尾缘噪声均小于翼型上下翼面噪声值。在小攻角时，翼型声压级在翼型上下翼面上的分布基本沿弦线对称分布，较大攻角时，声压级在翼型上下翼面的分布基本沿来流对称分布。声压级随攻角的变化规律在翼型四个方向上略有不同。总体上，翼型声压级的大小与攻角的关系不大。

（3）钝尾缘翼型与常规翼型相比升力系数较高，但相应的阻力系数也较高。且钝尾缘翼型升力系数的主频均低于常规翼型，说明常规翼型上下翼面湍流旋涡脱落的速度比钝尾缘翼型尾缘漩涡脱落速度快。常规翼型在小攻角时,声压级分布呈现低频特性,在大攻角时,呈现出宽频特性。而对于钝尾缘翼型在所研究的攻角范围内,声压级分布均呈现出低频特性。常规翼型声压级随攻角的变化是先减小后增大。钝尾缘翼型在 $0° \sim 15°$ 攻角范围内,声压级要大于常规翼型声压级,而在 $19°$ 时,常规翼型声压级大于钝尾缘声压级。

（4）对于 DU93-W-300 翼型在较小攻角时 VGs 会使翼型升力系数降低,阻力系数增加,升阻比降低,而在较大攻角时 VGs 可以提高翼型升力系数,降低阻力系数,增加升阻比。洁净翼型声压级随攻角的变化规律为先减小后增加。而带 VGs 翼型声压级随攻角的变化规律是先增加,后减小,然后再增加。VGs 在不同攻角下对翼型噪声的影响规律是不同的。在大部分攻角下,VGs 能起到降低翼型噪声的功能。对于洁净翼型,在较小攻角（小于 $11°$）时,翼型的噪声特性呈现出低频特性,而较大攻角时呈现出连续的宽频特性。对于带 VGs 翼型,在所有攻角下,翼型噪声分布均呈现出低频特性,低频噪声分量在噪声分布中占重要比重。

（5）对于 DU00-W2-401 翼型,带 VGs 翼型升力系数在 $5°$、$10°$、$15°$ 三个攻角下均有所增加,阻力系数均有所降低;但在 $19°$、$23°$ 攻角时升力系数有所降低,阻力系数有所增加,带 VGs 翼型在 $5°$、$10°$、$15°$ 三个攻角下升阻比均有提高,在 $19°$、$23°$ 攻角时升阻比有所降低。洁净翼型声压级最低的攻角为 $5°$,声压级最高的攻角为 $23°$,声压级基本与攻角的变化呈正线性关系。而带 VGs 翼型声压级最低的攻角为 $5°$ 攻角,这与洁净翼型相同,但声压级最高的攻角为 $15°$ 攻角,其次是 $23°$ 攻角。在 $5°$、$10°$、$19°$ 三个攻角下,VGs 均降低了翼型气动噪声,而在 $15°$、$23°$ 两个攻角下,反而使翼型噪声值有所增加。

第4章 叶片气动噪声特性与降噪研究

4.1 引言

翼型的气动自噪声是风力机叶片气动噪声的基础。但由于叶片具有三维性和旋转速度,其气动噪声并非简单的翼型的气动噪声沿展向积分。本节在第 3 章的基础上深入进行了叶片的气动噪声特性及降噪方法研究。

以某 2MW 风力机叶片为例,研究叶片 5 个同展向位置处的 5 个典型风力机翼型的气动噪声特性。在研究叶片典型截面处翼型气动噪声特性的基础上,以整个叶片为研究对象,研究 5m/s、7m/s、9m/s 三个典型风速下,叶片的气动噪声特性;针对该叶片气动噪声特点,有针对性的设计了 3 种涡发生器结构(三角形、梯形、矩形),研究不同涡发生器设计对叶片气动噪声的影响。

4.2 不同厚度翼型噪声特性研究

本节针对 2MW 风力机叶片——DF93 风力机叶片,选取其 5 个截面位置处的 5 个典型厚度翼型为研究对象,研究不同厚度翼型的噪声特性。5 个翼型分别为 DF180、DF210、DF250、DF350、DF400,相对厚度分别为 18％、21％、25％、35％、40％。叶片几何及各截面翼型几何见图 4-1。计算攻角分别为 0°、4°、8°、11°、15°、19°;计算方法同 3.3 节。

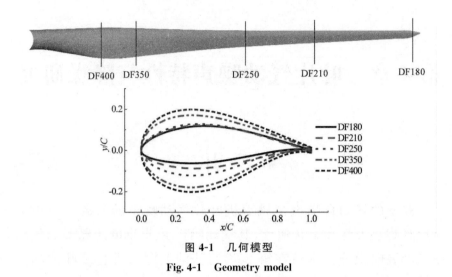

图 4-1　几何模型

Fig. 4-1　Geometry model

4.2.1　DF180 翼型气动噪声特性

4.2.1.1　算例描述

图 4-2 为 DF180 翼型几何，翼型相对厚度 18％，尖尾缘。

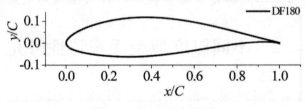

图 4-2　DF180 几何模型

Fig. 4-2　Geometry model of DF180

4.2.1.2　计算方法

图 4-3 为翼型网格总体网格及翼型周围网格分布，边界条件、网格分布及计算方法同 3.3 节。

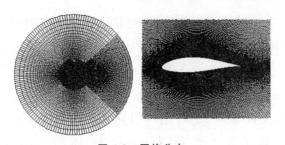

图 4-3　网格分布

Fig. 4-3　Distribution of mesh

4.2.1.3　结果分析

4.2.1.3.1　翼型气动特性

图 4-4 为 DF180 翼型升阻力系数及升阻比曲线。从图中可以看出,在 0°～15°为翼型升力系数的线性段。攻角为 19°时,翼型仍未失速,但升力系数增长的斜率降低。阻力系数方面,在 0°～11°之间阻力系数相差不多,15°、19°时阻力系数增加幅度较大。对于该翼型 4°攻角为最大升阻比攻角,随着攻角的继续增加,升阻比降低。

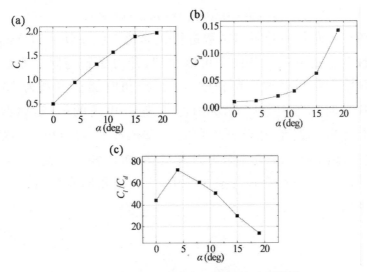

图 4-4　升阻力系数及升阻比随攻角变化曲线

(a) 升力系数,(b) 阻力系数,(c) 升阻比

Fig. 4-4　Variation of lift coefficient, drag coefficient and lift-drag ratio with AOA

(a) Lift coefficient, (b) Drag coefficient, (c) Lift-drag ratio

　　图 4-5 为升阻力系数随时间变化曲线,从图中可以看出,攻角
在 0°~11°间时,无论升力系数还是阻力系数的波动幅度都很小,
升阻力系数值随时间波动近似呈定常状态。而攻角为 15°、19°
时,升阻力系数随时间波动幅度很大,且攻角为 19°时的波幅大于
15°时的波幅。在 15°、19°攻角时升阻力系数随时间近似呈周期波
动,说明此时翼型吸力面流动分离较大,翼型气动力受脱落涡周
期作用变强。

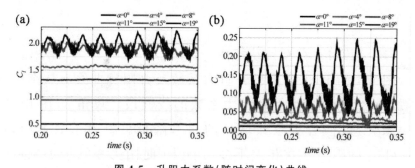

图 4-5　升阻力系数(随时间变化)曲线

(a) 升力系数,(b) 阻力系数

Fig. 4-5　Varying of lift coefficient and drag coefficient with time

(a) Lift coefficient, (b) Drag coefficient

　　图 4-6 为翼型升阻力系数进行快速傅里叶变换后得到的升阻
力系数功率谱分布。从图中可以看到,升力系数与阻力系数功率
谱的频率主峰以及波形都很吻合。0°攻角时翼型主频为 900 Hz,
而 4°攻角时翼型主频降为 600 Hz,且随着攻角的增加,翼型的主
频逐渐降低。这是由于小攻角时翼型所受作用力中,尾缘脱落
涡、边界层内湍流脉动等作用力占主导,所以频率较高;而大攻角
时翼型受力中分离旋涡占主导作用,故大攻角时翼型气动噪声的
主频降低。

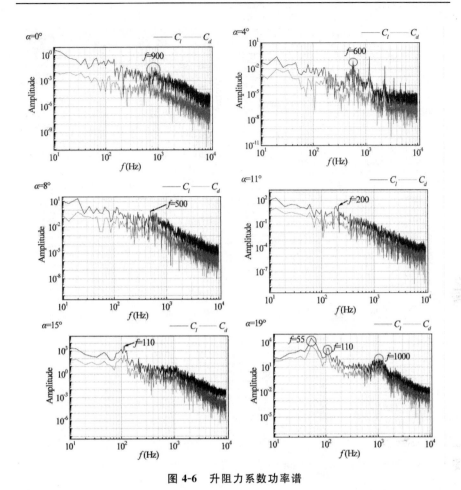

图 4-6 升阻力系数功率谱

Fig. 4-6 Power spectrum of lift coefficient and drag coefficient

4.2.1.3.2 翼型噪声特性

图 4-7 为翼型在不同攻角情况下噪声指向性分布规律,翼型噪声监测点布置如图 3-16(1)所示。从图中可以看出,在不同攻角及不同径向位置处翼型噪声呈现明显的偶极子形状,噪声的指向性分布基本沿上下(x 轴)对称分布,但沿左右(y 轴)不对称分布,且翼型下游噪声要大于前缘噪声,这与翼型尾缘脱落涡及分离旋涡有关。在 0°、4°攻角时翼型声压级大小相差不多,但 8°、11°、15°、19°攻角时,随着攻角的增加,翼型声压级强度越来越大,且不同径向位置处分布规律基本一致。

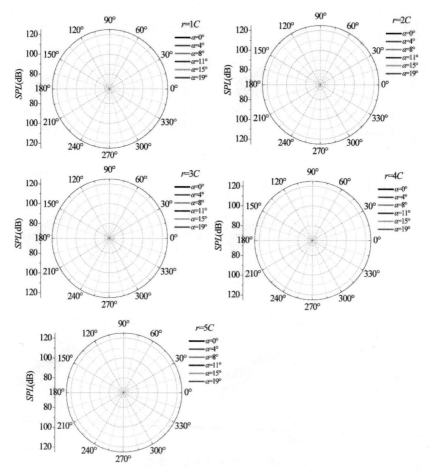

图 4-7 翼型噪声指向性分布（不同攻角）

Fig. 4-7 Directionality of airfoil noise with different AOA

图 4-8 为翼型在不同径向位置处噪声指向性分布。在 0°、4°攻角时在径向位置 $r=3C$、$4C$、$5C$ 处声压级强度相差不多，$r=1C$、$2C$ 处径向距离越小声压级强度越大。在 8°、11°、15°、19°攻角时，翼型声压级强度均与径向距离呈反比，即随着径向距离的增加声压级逐渐减小。在 0°、4°攻角时翼型噪声指向性分布略呈现出四极子特性，而 11°、15°、19°时为偶极子特性。流体流过翼型，翼型受到周围流体的压力而产生作用力，而翼型本身也会对流体产生反作用力，所以翼型受到流体压力与翼型对流体的力是一对相互作用力，该作用力随时间变化从而导致声波的产生，该作用

力与反作用力产生了偶极子源,当翼型处于较大攻角时,即为此类声源。而四极子就是两个距离很近、强度相当、相位相反的偶极子叠加而成的。在翼型与流体相互作用时,翼型表面对流体的作用力与流体对翼型的作用是一对作用力与反作用力关系,但流体对翼型表面的脉动压力不能产生流体中的声波,只有翼型对流体的周期作用力才能产生,所以翼型与流体的相互作用是一个力源,而不是一对力源。显然能够导致声波产生一对力源的只有是流体与流体相互作用的结果,因此,四极子源可以认为是流体内的应力所致,这也就是说,四极子源一定位于流体与流体相互作用的紊流中,在小攻角时(0°、4°)翼型还未发生流动分离,翼型的噪声源中湍流边界层及层流边界层噪声占很重要因素,而边界层内流体的作用力表现为四极子源,但声源强度较弱,翼型噪声是各类噪声源叠加而成,所以在 0°、4°攻角时噪声的指向性分布中总体上呈现出偶极子源,但略有四极子源特性。

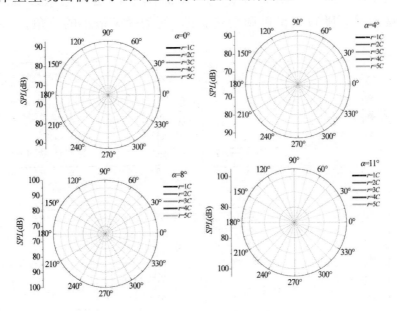

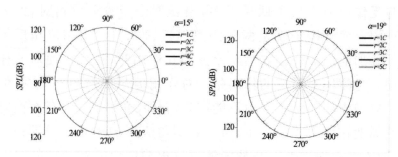

图 4-8　翼型噪声指向性分布(不同径向位置)

Fig. 4-8　Directionality of airfoil noise with different radial location

　　图 4-9 为翼型四个方向上总声压级分布规律,图中噪声监测点如图 3-17(1)所示。对四个方向上声压级进行对比可发现:尾缘处声压级稍大于前缘处声压级,尾缘处、前缘处声压级均小于上翼面与下翼面声压级;上翼面与下翼面处声压级大小相差不多。在四个方向上 4°攻角时翼型声压级值最小,0°攻角次之,其余攻角随着攻角的增加翼型声压级逐渐增加,这说明该翼型的气动噪声并不随攻角呈单调变化,存在气动噪声最小的攻角。

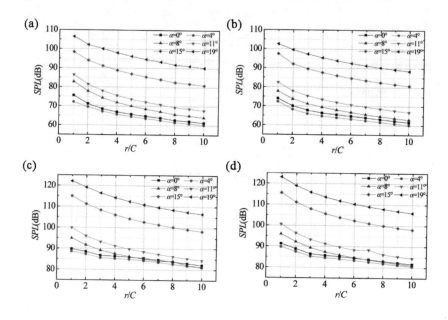

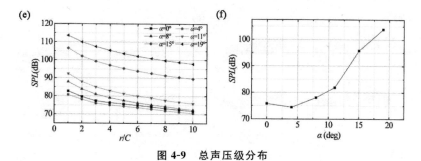

图 4-9　总声压级分布

(a) 尾缘,(b) 前缘,(c) 上翼面,(d) 下翼面,(e) 周向平均总声压级,(f) 平均总声压级

Fig. 4-9　Distribution of total sound pressure level

(a) Trailing edge,(b) Leading edge,(c) Upper surface,(d) bottom surface,

(e)Average value of sound pressure level,(f) variation of sound pressure level

图 4-10 为翼型四个方向上声压级分布规律,图(1)为噪声监测点位置,图(2)为监测点处声压级分布。从图中可以看出,0°、4°、8°、11°攻角时,在翼型四个方向上声压级的分布规律差别较大,而 15°、19°攻角时,在翼型四个方向上声压级分布规律类似。这与翼型的噪声源类型有关。在小攻角下,噪声源主要为压力面和吸力面的边界层与翼型表面作用,其表现为宽频特性。当攻角增大时,在 15°、19°攻角时翼型的噪声源主要是湍流分离噪声,其表现为低频特性,此时噪声向四个方向的传播规律一致。而小攻角时,既有湍流边界层尾缘噪声又有层流边界层脱落涡噪声等噪声,它们相互作用,造成在翼型四个方向上声压级分布规律有所差别。

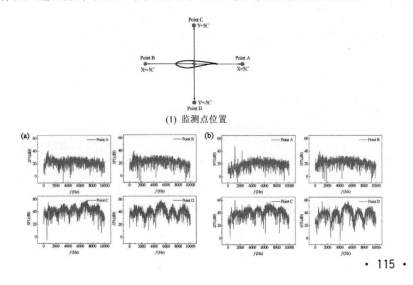

(1) 监测点位置

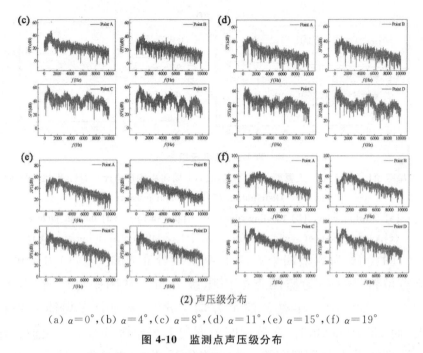

(2) 声压级分布

(a) $\alpha=0°$,(b) $\alpha=4°$,(c) $\alpha=8°$,(d) $\alpha=11°$,(e) $\alpha=15°$,(f) $\alpha=19°$

图 4-10　监测点声压级分布

Fig. 4-10　Distribution of sound pressure level at observation location

图 4-11 为翼型均方根压力云图。从图中可以看出,无论在哪个攻角下,翼型主要噪声源均集中在尾缘处,其次是翼型前缘处。在 $0°$、$4°$、$8°$、$11°$攻角时,除翼型尾缘噪声外,在翼型上翼面靠近前缘处声源强度也较大。在 $15°$、$19°$攻角时,尾缘处噪声源向翼面前缘发展,且压力值较小攻角时增大。

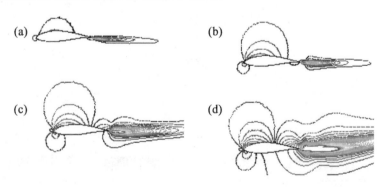

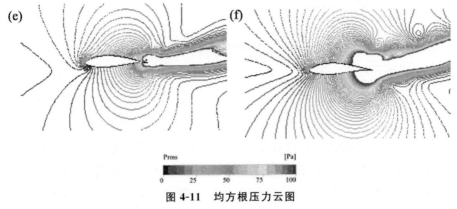

图 4-11　均方根压力云图

(a) $\alpha=0°$,(b) $\alpha=4°$,(c) $\alpha=8°$,(d) $\alpha=11°$,(e) $\alpha=15°$,(f) $\alpha=19°$

Fig. 4-11　Contours of RMS pressure

(a) $\alpha=0°$,(b) $\alpha=4°$,(c) $\alpha=8°$,(d) $\alpha=11°$,(e) $\alpha=15°$,(f) $\alpha=19°$

小结:对于 DF180 翼型,其最大升阻比攻角为 4°,大于 4°攻角后升阻比逐渐降低。其噪声最低的攻角也为 4°,大于 4°攻角后,翼型噪声值逐渐增加。翼型在小攻角（<4°）时,噪声的指向性略呈四极子特性。

4.2.2　DF210 翼型气动噪声特性

4.2.2.1　算例描述

计算翼型为:DF210 翼型,相对厚度 21%,尖尾缘,翼型几何如图 4-12 所示。

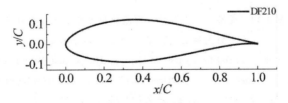

图 4-12　DF210 翼型几何

Fig. 4-12　Geometry of DF210 airfoil

4.2.2.2 计算方法

边界条件、网格分布及计算方法同 3.3 节。

4.2.2.3 结果分析

4.2.2.3.1 翼型气动特性

图 4-13 为翼型升阻力系数随攻角变化规律曲线。从图中可以看出,在 $0°$~$15°$为翼型升力系数的线性段,$19°$攻角时虽然升力系数仍有增加,但升力系数增长的斜率降低。$0°$、$4°$攻角时阻力系数相差不多,其余攻角随着攻角的增加翼型阻力系数持续增加。对于该翼型 $4°$为最大升阻比攻角,当攻角大于 $4°$时,随着攻角的增加翼型升阻比下降。

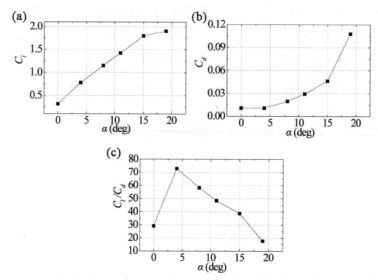

图 4-13　翼型升阻力系数及升阻比随攻角变化规律曲线
(a) 升力系数,(b) 阻力系数,(c) 升阻比
Fig. 4-13　Variation of airfoil lift coefficient, drag coefficient and lift-drag ratio with AOA
(a) Lift coefficient , (b) Drag coefficient , (c) Lift-drag ratio

图 4-14 为翼型升阻力系数随迭代时间的变化曲线。从图中可以看出,在 $0°$~$11°$攻角时,升阻力系数波动的幅值非常小,近似定常状态。而在 $15°$、$19°$攻角时升阻力系数波动的幅度较大,

且 19°攻角时升阻力系数的波动幅值均大于 15°攻角,尤其阻力系数的波动幅度更大,说明此时翼型受流体周期作用力变强。

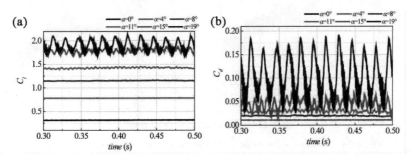

图 4-14　翼型升阻力系数随时间变化曲线

(a) 升力系数,(b) 阻力系数

Fig. 4-14　Profile of time-varying airfoil lift coefficient and drag coefficient

(a) Lift coefficient, (b) Drag coefficient

图 4-15 为翼型升阻力系数随时间变化曲线经过快速傅里叶变换后得到的翼型升阻力系数功率谱分布。从图中可以看出,在 0°攻角时,翼型升阻力系数的主频为 400Hz,而 4°时翼型的主频增加,但在 8°~19°攻角范围内翼型升阻力系数的主频逐渐减小。无论在哪个攻角下翼型升力系数的功率谱分布与阻力系数功率谱分布均一致。

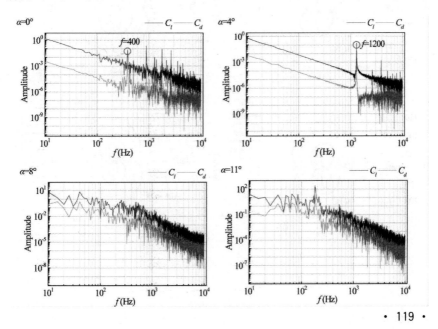

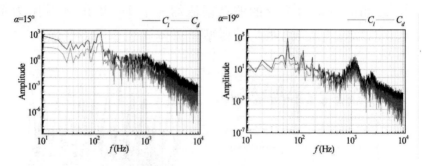

图 4-15　翼型升阻力系数功率谱

Fig. 4-15　Power spectrum of airfoil lift coefficient and drag coefficient

4.2.2.3.2　翼型噪声特性

图 4-16 为翼型在不同攻角情况下噪声指向性分布规律,翼型噪声监测点布置见图 3-16(1)所示。从图中可以看出,在 0°、4°攻角时,翼型声压级强度相差不多,在 8°、11°、15°、19°攻角时,声压级强度随着攻角的增加呈递增趋势,且不同径向位置处声压级分布规律类似。

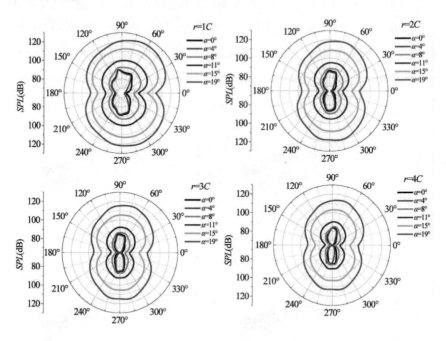

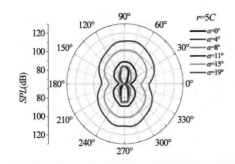

图 4-16　翼型噪声指向性分布(不同攻角)

Fig. 4-16　Directionality of airfoil noise with different AOA

图 4-17 为翼型在不同径向位置处噪声指向性分布。从图中可以看出,在 0°、4°攻角时,$r=3C$、$4C$、$5C$ 三个径向位置处噪声的声压级大小相差不多,$r=1C$ 时噪声的声压级最大,$r=2C$ 次之。在 8°、11°、15°、19°攻角时,随着径向距离的增加翼型噪声的声压级逐渐减小。且在 0°、4°攻角时翼型噪声的指向性分布略呈现出四极子噪声特性,这一分布规律与 DF180 类似。

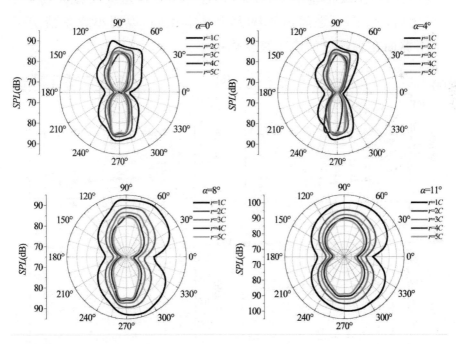

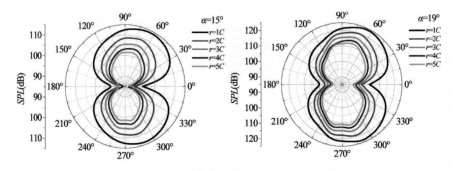

图 4-17　翼型噪声指向性分布（不同径向位置）

Fig. 4-17　Directionality of airfoil noise with different radial location

　　图 4-18 为翼型四个方向上总声压级分布规律，图中噪声监测点如图 3-17(1) 所示。翼型噪声中 4°攻角时声压级最低，0°攻角次之，8°、11°、15°、19°攻角时随着攻角的增加翼型声压级逐渐增加。翼型尾缘噪声声压级要大于前缘声压级，且均小于上下翼面声压级，翼型上下翼面声压级大小相差不多。在四个方向上 0°与 4°攻角的声压级相差不多，在翼型上下翼面声压级中在大约 $r=6C$ 之后，0°、4°、8°之间声压级大小基本相同，说明小攻角情况下上下翼面在远场处的声压级变化很小。

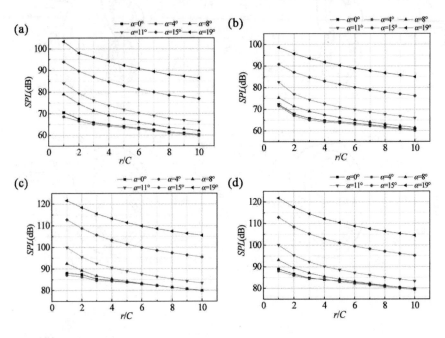

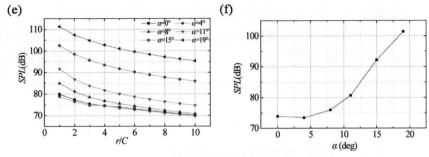

图 4-18　总声压级分布

(a) 尾缘,(b) 前缘,(c) 上翼面,(d) 下翼面,(e) 周向平均总声压级,(f) 平均总声压级

Fig. 4-18　Distribution of total sound pressure level

(a) Trailing edge, (b) Leading edge, (c) Upper surface, (d) bottom surface,

(e)Average value of sound pressure level, (f) variation of sound pressure level

图 4-19 为翼型均方根压力云图。从图中可以看出,在 $4°$ 攻角时翼型均方根压力值最小,其次是 $0°$,这与图 4-18 翼型总声压级的分布规律是一致的。翼型的噪声源主要集中在尾缘处,其次是翼型的上翼面及前缘处。在 $15°$ 及 $19°$ 攻角时,翼型在尾缘出发生流动分离,尾缘处均方根压力的高压区向翼型前缘发展。

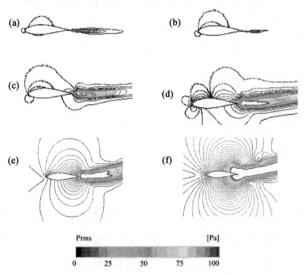

图 4-19　均方根压力云图

(a) $\alpha=0°$,(b) $\alpha=4°$,(c) $\alpha=8°$,(d) $\alpha=11°$,(e) $\alpha=15°$,(f) $\alpha=19°$

Fig. 4-19　Contours of RMS pressure

(a) $\alpha=0°$,(b) $\alpha=4°$,(c) $\alpha=8°$,(d) $\alpha=11°$,(e) $\alpha=15°$,(f) $\alpha=19°$

小结: 对于 DF210 翼型, 翼型的最大升阻比攻角为 4°, 大于 4°攻角后升阻比逐渐降低。其噪声最低的攻角也为 4°, 0°攻角与 4°攻角时声压级相差不多, 大于 4°攻角后, 翼型噪声值逐渐增加, 噪声最大攻角为 19°。翼型在小攻角 (小于 4°) 时, 噪声的指向性略呈四极子特性。

4.2.3 DF250 翼型气动噪声特性

4.2.3.1 算例描述

本节计算翼型为 DF250 翼型, 相对厚度 25%, 钝尾缘。DF250 翼型几何如图 4-20 所示。

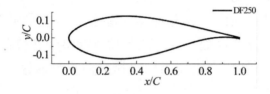

图 4-20　DF250 翼型几何

Fig. 4-20　Airfoil geometry of DF250

4.2.3.2 计算方法

边界条件、网格分布及计算方法同 3.3 节。

4.2.3.3 结果分析

4.2.3.3.1 翼型气动特性

图 4-21 为翼型升阻力系数随攻角变化曲线。由图可知, 0°～15°攻角为升力系数的线性段, 19°时升力系数仍在增长, 但升力系数增长的斜率降低。翼型的阻力系数随着攻角的增长一直增加。从翼型的升阻比曲线中可以看出, 该翼型最佳升阻比攻角出现在 4°, 当攻角大于 4°时, 随着攻角的增加翼型升阻比一直降低。

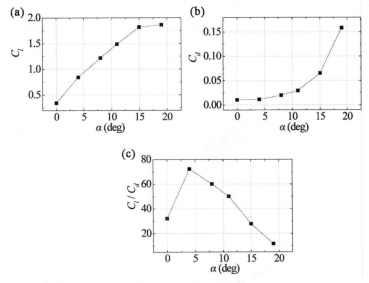

图 4-21　升阻力系数

（a）升力系数,（b）阻力系数,（c）升阻比

Fig. 4-21　Lift coefficient and drag coefficient

（a）Lift coefficient,（b）Drag coefficient,（c）Lift-drag ratio

图 4-22 为翼型升阻力系数随时间变化曲线。从图中可以看出,在 0°～11°攻角范围内,升阻力系数随时间变化曲线的波动幅值很小,说明在此攻角范围内翼型受流体作用力较小。15°攻角时翼型升阻力系数波动幅值稍大一些。19°攻角时,翼型升阻力系数曲线波动幅度较大,此时翼型受到流体较大作用力。

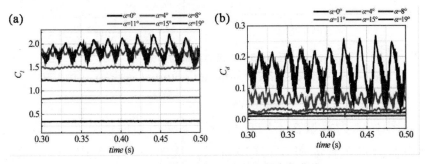

图 4-22　翼型升阻力系数随时间变化曲线

（a）升力系数,（b）阻力系数

Fig. 4-22　Profile of time-varying airfoil lift coefficient and drag coefficient

（a）Lift coefficient,（b）Drag coefficient

　　图 4-23 为翼型升阻力系数经过快速傅里叶变换得到升阻力
系数功率谱分布。从图中可以看出，升力系数与阻力系数的功率
谱在波形及主频上是一致的。

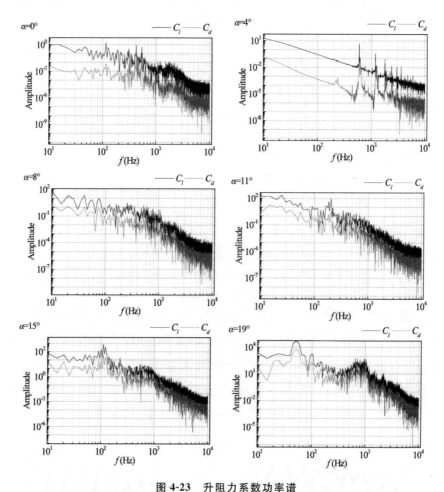

图 4-23　升阻力系数功率谱

Fig. 4-23　Power spectrum of airfoil lift coefficient and drag coefficient

4.2.3.3.2　翼型噪声特性

　　图 4-24 为翼型在不同攻角情况下噪声指向性分布规律，翼型
噪声监测点布置如图 3-16(1)所示。从图中可以看出，0°、4°攻角
时翼型声压级大小相差不多，且噪声指向性分布规律也类似，而
在 8°、11°、15°、19°攻角时，随着攻角的增加声压级逐渐变大，且声
压级分布呈偶极子形状，不同径向位置处分布规律类似。

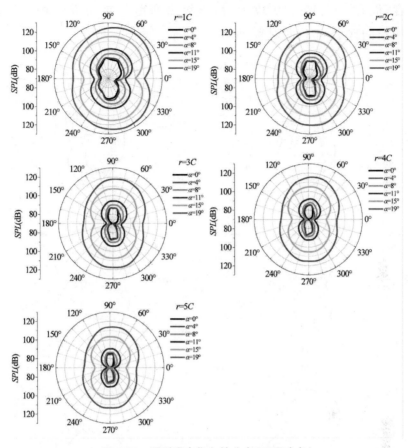

图 4-24　翼型噪声指向性分布（不同攻角）

Fig. 4-24　Directionality of airfoil noise with different AOA

图 4-25 为翼型在不同径向位置处噪声指向性分布。从图中可以看出，0°、4°攻角时翼型噪声指向性分布与其余攻角略显不同，尤其在 r＝1C 处声压级指向性分布略显四极子形状，而其余攻角噪声的指向性分布呈偶极子形状，这一分布规律与 DF180、DF210 分布类似。还有就是在 0°、4°、8°攻角时，噪声的指向性分布上下对称轴不与 0°方向角重合，而是沿图中虚线上下对称，虚线与 0°方向角相差约－15°左右。理论上来讲，翼型噪声的指向性分布上下对称轴应与来流平行，但该翼型在不同攻角下并不遵循这一原则，这是因为该翼型有一定弯度，翼型几何在尾缘处向下弯，造成小攻角时噪声指向性分布上下对称轴与 0°方向角呈负

角度,而在 11°、15°、19°攻角时,该翼型弯度与来流方向相反使得噪声指向性分布上下对称轴与 0°方向角重合。

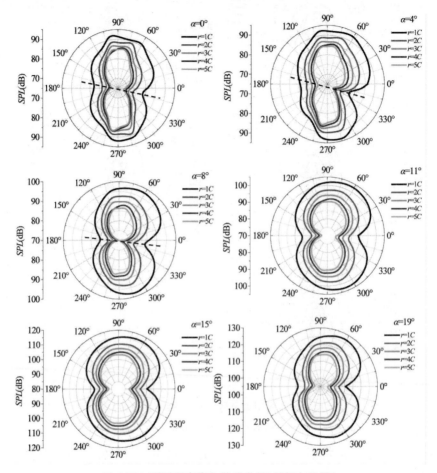

图 4-25　翼型噪声指向性分布(不同径向位置)

Fig. 4-25　Directionality of airfoil noise with different radial location

　　图 4-26 为翼型四个方向上总声压级分布规律,图中噪声监测点如图 3-17(1)所示。图(e)为四个方向上声压级的平均值沿径向分布,图(f)为在图(e)的基础上沿径向平均得到声压级随攻角的变化规律。首先对比图(a)、图(b)可以看出,在翼型尾缘及前缘处总声压级最低的为 0°攻角,4°、8°攻角时总声压级相差不多,在 11°、15°、19°攻角时随着攻角的增加声压级逐渐增加,且该翼型前缘与尾缘处声压级大小相差不多。对比图(c)与图(d)可以发

现,在翼型上下翼面上,0°攻角与 4°攻角时声压级大小相差不多,其余攻角随着攻角的增加声压级逐渐增加,上下翼面上声压级大小相差不多。对比图(a)、(b)、(c)、(d)可以发现,翼型上下翼面上的声压级分布均大于翼型前缘及尾缘声压级。从图(e)、图(f)可以发现,对于该翼型 0°攻角时声压级最小,随着攻角的增加翼型声压级逐渐增加,但 0°、4°、8°攻角时声压级相差不多,11°、15°、19°攻角时声压级随攻角增大迅速增加。

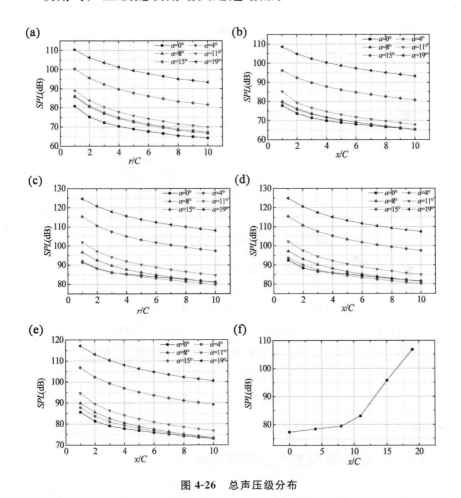

图 4-26　总声压级分布

(a) 尾缘,(b) 前缘,(c) 上翼面,(d) 下翼面,(e) 声压级平均值,(f) 声压级平均值

Fig. 4-26　Distribution of total sound pressure level

(a) Trailing edge, (b) Leading edge, (c) Upper surface, (d) Bottom surface,

(e) Average value of sound pressure level, (f) Average value of sound pressure level

图 4-27 为翼型均方根压力云图。从图中可以看出,翼型主要噪声源仍主要集中在翼型尾缘处以及翼型上翼面前缘处,且随着攻角的增加翼型均方根压力逐渐增加。15°、19°攻角时翼型噪声源向前缘发展。

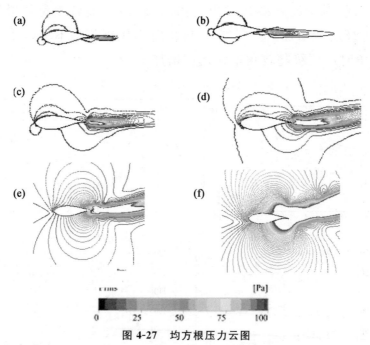

图 4-27　均方根压力云图
(a) $\alpha=0°$,(b) $\alpha=4°$,(c) $\alpha=8°$,(d) $\alpha=11°$,(e) $\alpha=15°$,(f) $\alpha=19°$
Fig. 4-27　Contours of RMS pressure
(a) $\alpha=0°$,(b) $\alpha=4°$,(c) $\alpha=8°$,(d) $\alpha=11°$,(e) $\alpha=15°$,(f) $\alpha=19°$

小结:对于 DF250 翼型,翼型的最大升阻比攻角为 4°,大于 4°攻角后升阻比逐渐降低。其噪声最低的攻角为 0°,但 0°、4°、8° 三个攻角的声压级相差不多,大于 8°攻角后,翼型声压级强度迅速增加,噪声最大攻角为 19°。

4.2.4　DF350 翼型气动噪声特性

4.2.4.1　算例描述

本节计算翼型为 DF350 翼型,相对厚度 35%,钝尾缘,翼型几何如图 4-28 所示。

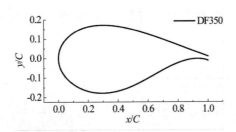

图 4-28　DF350 翼型几何

Fig. 4-28　Airfoil geometry of DF350

4.2.4.2　计算方法

边界条件、网格分布及计算方法同 3.3 节。

4.2.4.3　结果分析

4.2.4.3.1　翼型气动特性

图 4-29 为翼型升阻力系数及升阻比分布规律。从图中可以看出,在 0°～15°攻角范围内是翼型升力系数的线性段,15°为翼型的最大升力系数攻角,19°攻角时升力系数降低。而翼型的阻力系数随着攻角的增加不断增大。在翼型的升阻比方面,8°为该翼型的最大升阻比攻角。

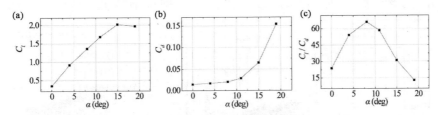

图 4-29　升阻力系数及升阻比

(a) 升力系数,(b) 阻力系数,(c) 升阻比

Fig. 4-29　Lift coefficient, drag coefficient and lift-drag ratio

(a) Lift coefficient, (b) Drag coefficient, (c) Lift-drag ratio

图 4-30 为翼型升阻力系数随时间变化曲线。由图(a)可知,0°、4°攻角时升力系数呈规律的周期波动,但波动幅值较小,8°、11°攻角时升力系数波动的周期性变差,波动的幅值也较小,15°、

19°攻角时升力系数波动的幅值变大,说明此时翼型已出现较大流动分离,翼型受力变大。阻力系数的变化规律与升力系数类似。

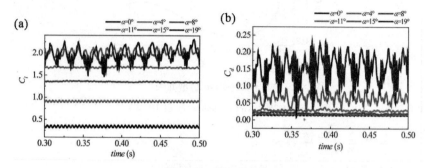

图 4-30　升阻力系数

(a) 升力系数,(b) 阻力系数

Fig. 4-30　Lift coefficient and drag coefficient

(a) Lift coefficient, (b) Drag coefficient

　　图 4-31 为升阻力系数经过快速傅里叶变化后得到的升阻力系数功率谱分布。从图中可以看出,在 0°攻角时翼型的主频为 220Hz,4°攻角时翼型的主频有所增加 $f=250$Hz,而 8°、11°翼型的主频又降低为 200Hz,15°、19°攻角翼型的主频继续降低。这是因为攻角大于 4°时,随着攻角的增加,翼型脱落涡的尺度越来越大,涡核间距逐渐增加,所以脱落涡的频率逐渐降低。

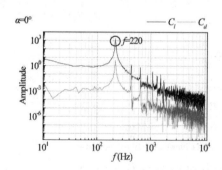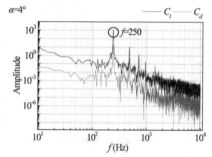

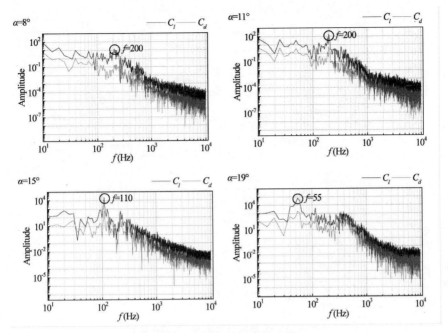

图 4-31 升阻力系数功率谱

Fig. 4-31 Power spectrum of lift coefficient and drag coefficient

4.2.4.3.2 翼型噪声特性

图 3-32 为翼型在不同攻角情况下噪声指向性分布规律。由图可见，8°攻角时翼型声压级最低，0°、4°、11°攻角时声压级大小相差不多，19°时声压级最大，在不同径向位置处声压级分布规律类似。

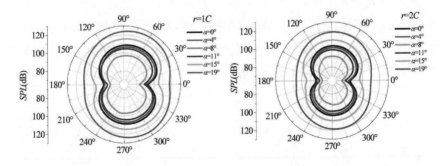

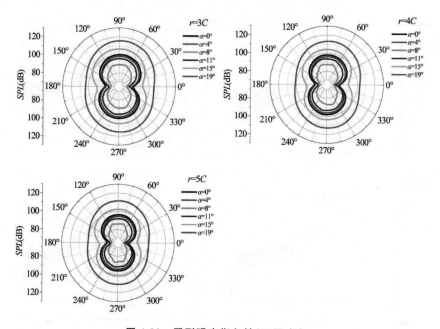

图 4-32　翼型噪声指向性（不同攻角）

Fig. 4-32　Directionality of airfoil noise with different AOA

图 4-33 为翼型噪声在不同径向位置处声压级指向性分布。从图中可以看出，该翼型在同一攻角时，声压级大小与径向距离呈反比，即径向距离越大声压级越小，不同攻角时分布规律一致。该翼型声压级在不同攻角时均呈偶极子形状，这与 DF180、DF210、DF250 翼型有所区别。该翼型在 0°、4°、8°、11°、15°、19°攻角下翼型噪声的指向性分布均沿 0°方向角上下对称分布，由图 4-28 翼型几何可知，该翼型也是非对称翼型，翼型在尾缘处向下弯，但由于翼型相对厚度较大，造成在所计算攻角下翼型噪声指向性分布的对称轴基本与 0°方向角重合。

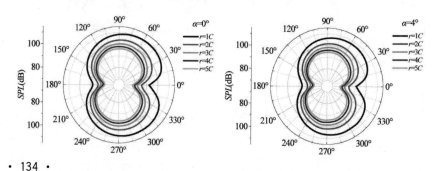

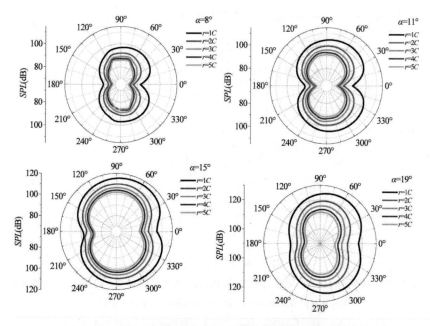

图 4-33 翼型噪声指向性(不同径向位置)

Fig. 4-33 Directionality of airfoil noise with different radial location

图 4-34 为翼型噪声声压级在不同径向位置处的分布,图(a)、(b)、(c)、(d)为四个方向上的声压级沿径向分布,图(e)为四个方向上声压级的平均值,图(f)为在图(e)基础上进行径向平均得到声压级随攻角的变化规律。由图(a)、(b)可知,翼型尾缘处声压级大于前缘处声压级。由图(c)、(d)可知,翼型上下翼面处声压级大小基本一致,且均大于前缘、尾缘处声压级。由图(e)、(f)可知,该翼型声压级最低的攻角为 8°,11°攻角次之,之后声压级由小到大依次为 4°、0°、15°、19°,由此可见,对于该翼型声压级大小与翼型攻角大小关系不大。

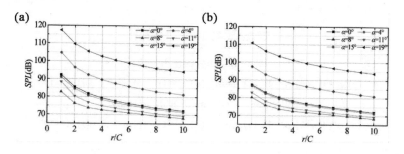

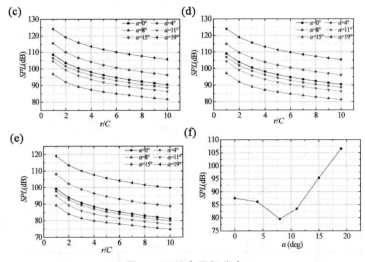

图 4-34　总声压级分布

(a) 尾缘,(b) 前缘,(c) 上翼面,(d) 下翼面,(e) 声压级平均值,(f) 声压级平均值

Fig. 4-34　Distribution of total sound pressure level

(a) Trailing edge, (b) Leading edge, (c) Upper surface, (d) Bottom surface,

(e) Average value of sound pressure level, (f) Average value of sound pressure level

图 4-35 为翼型均方根压力云图。由图可知,翼型噪声源主集中在翼型尾缘处。随着攻角的增加噪声源向翼型上下表面前缘发展,随着攻角越大均方根压力也越大。

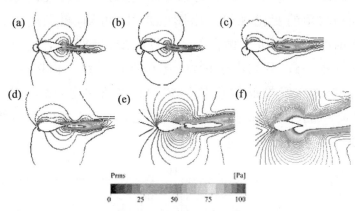

图 4-35　均方根压力云图

(a) $\alpha=0°$,(b) $\alpha=4°$,(c) $\alpha=8°$,(d) $\alpha=11°$,(e) $\alpha=15°$,(f) $\alpha=19°$

Fig. 4-35　Contours of RMS pressure

(a) $\alpha=0°$,(b) $\alpha=4°$,(c) $\alpha=8°$,(d) $\alpha=11°$,(e) $\alpha=15°$,(f) $\alpha=19°$

小结：对于 DF350 翼型，翼型的最大升阻比攻角为 8°，大于 8°攻角后升阻比逐渐降低。其噪声最低的攻角也为 8°，但 0°、4°两个攻角的声压级相差不多，大于 8°攻角后，翼型声压级强度迅速增加。

4.2.5　DF400 翼型气动噪声特性

4.2.5.1　算例描述

本节计算翼型为 DF400 翼型。翼型相对厚度 40%，钝尾缘，翼型几何如图 4-36 所示。

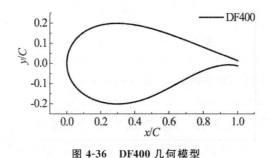

图 4-36　DF400 几何模型

Fig. 4-36　Geometry model of DF400

4.2.5.2　计算方法

边界条件、网格分布及计算方法同 3.3 节。

4.2.5.3　结果分析

4.2.5.3.1　翼型气动特性

图 4-37 为翼型升阻力系数及升阻比分布规律。由图（a）可知，在 0°~11°攻角为翼型升力系数线性段，15°攻角时升力系数仍在增加，但升力系数增长的斜率有所降低，19°、25°攻角时升力系开始下降，翼型发生失速。由图（b）可知，随着攻角的增加翼型阻力系数一直在增加。由图（c）可知，翼型的最大升阻比攻角为 8°。

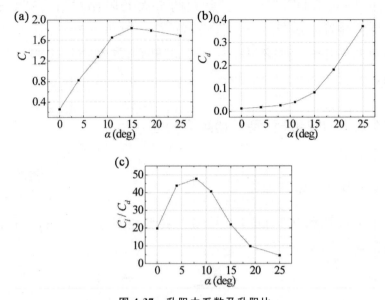

图 4-37 升阻力系数及升阻比

（a）升力系数,（b）阻力系数,（c）升阻比

Fig. 4-37 Lift coefficient, drag coefficient and lift-drag ratio

（a）Lift coefficient,（b）Drag coefficient,（c）Lift-drag ratio

图 4-38 为翼型升阻力系数随时间变化曲线。由图可见,在 0°~11°攻角内,升阻力系数随时间波动幅度很小,近似呈定常状态。而 15°、19°、25°攻角时,随着攻角的增加升阻力系数的波动幅度逐渐变大且升阻力系数随时间变化的周期性变差。

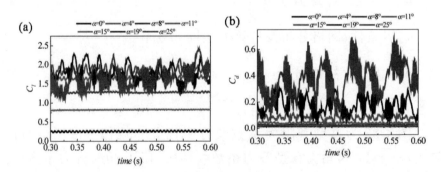

图 4-38 升阻力系数

（a）升力系数,（b）阻力系数

Fig. 4-38 Lift coefficient and drag coefficient

（a）Lift coefficient,（b）Drag coefficient

图 4-39 为升阻力系数经过快速傅里叶变换得到的升阻力系数功率谱分布。由图可见,升阻力系数的主频及高阶谐波频率是对应的,使用脱落涡或分离涡对翼型的升阻力系数影响是相同的。随着攻角的增加,翼型的主频先增加,然后再减小。

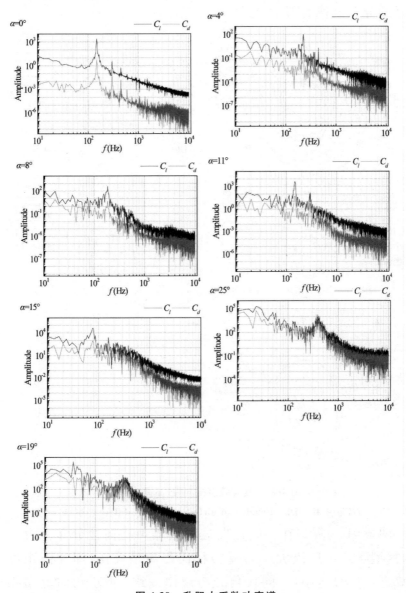

图 4-39　升阻力系数功率谱

Fig. 4-39　Power spectrum of lift coefficient and drag coefficient

4.2.5.3.2 翼型噪声特性

图 4-40 为翼型在不同攻角下噪声指向性分布规律。由图可见,翼型在 4°攻角时噪声声压级最小,8°次之,在 11°、15°、19°、25°攻角时,翼型声压级随着攻角的增加而增大。不同径向位置处声压级的分布规律类似。

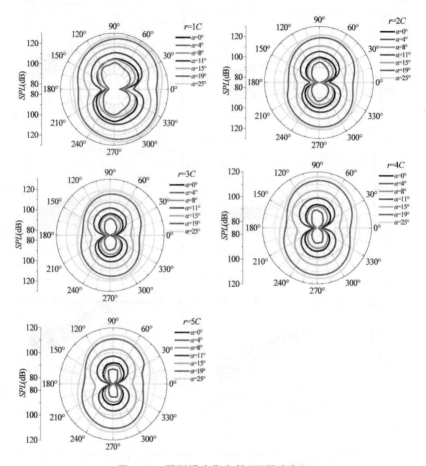

图 4-40 翼型噪声指向性(不同攻角)

Fig. 4-40 Directionality of airfoil noise with different AOA

图 4-41 为翼型在不同径向位置处噪声指向性分布。由图可见,翼型噪声声压级大小与翼型径向距离呈反比,即径向距离越大翼型声压级越小,不同攻角分布规律一致。4°攻角时翼型噪声的指向性分布与其余攻角略有区别,该攻角时噪声指向性分布不是规则的偶极子形状。

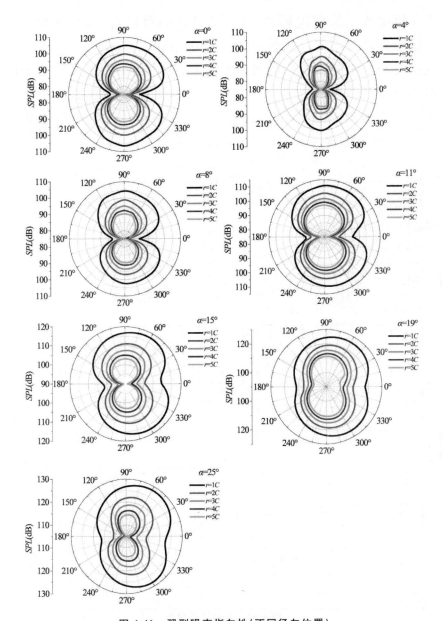

图 4-41　翼型噪声指向性（不同径向位置）

Fig. 4-41　**Directionality of airfoil noise with different radial location**

图 4-42 为翼型噪声声压级在不同径向位置处的分布,图(a)、(b)、(c)、(d)为四个方向上的声压级沿径向分布,图(e)为四个方向上声压级的平均值,图(f)为在图(e)基础上进行径向平均得到

声压级随攻角的变化规律。由图（a）、（b）可以看出,在翼型尾缘及前缘处,0°、4°、8°攻角时声压级大小相差不多,11°、15°、19°、25°攻角时声压级随着攻角的增加而增大,尾缘处声压级强度大于前缘处声压级强度。由图（c）、（d）可知,在翼型上下翼面上声压级大小相差不多。由图（e）、（f）可知,该翼型声压级最小的攻角为4°,由小到大依次为4°、8°、0°、11°、15°、19°、25°。

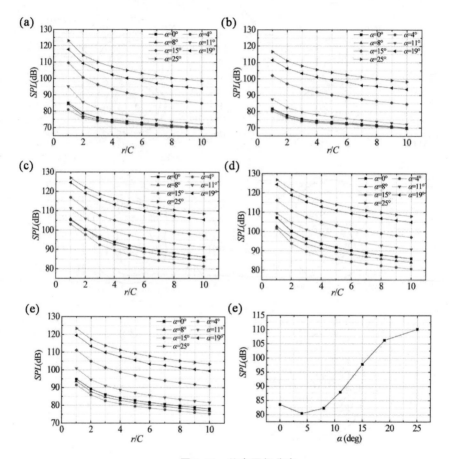

图 4-42　总声压级分布

（a）尾缘,（b）前缘,（c）上翼面,（d）下翼面,（e）声压级平均值,（f）声压级平均值

Fig. 4-42　Distribution of total sound pressure level

(a) Trailing edge, (b) Leading edge, (c) Upper surface, (d) Bottom surface,

(e) Average value of sound pressure level, (f) Average value of sound pressure level

小结:对于 DF400 翼型,翼型的最大升阻比攻角为 8°,大于

8°攻角后随攻角增大升阻比逐渐降低。噪声最低的攻角为 4°,0°、4°、8°三个攻角的声压级相差不多,大于 8°攻角后,翼型声压级强度随攻角增大迅速增加。

4.3　无涡发生器的叶片气动噪声特性研究

4.3.1　算例描述

本节以 DF93 风力机叶片为例,该风力机叶片长 45.281m,轮毂半径 1.242m。叶片从叶尖的薄翼型到叶根的大厚度翼型均匀过渡。该风力机为 3 叶片,上风向变速变桨型风力机,额定功率为 2MW,额定风速为 11m/s,在额定风速之前定桨变速,额定功率之后定速变桨。叶片几何见图 4-1。

4.3.2　计算方法

计算网格:采用 AutoGrid5 软件生成叶片整体网格,展向布置 93 个网格节点、周向布置 145 个,网格总数大约 280 万。第一层网格高度 0.01mm,Y^+ 满足湍流模型需要。网格分布见图 4-43。

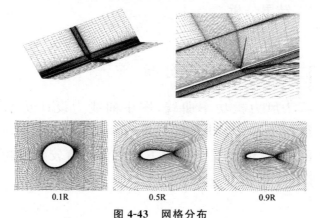

0.1R　　　0.5R　　　0.9R

图 4-43　网格分布

Fig. 4-43　Distribution of mesh

边界条件：该风力机为3叶片,但在CFD计算时为节省计算资源,只计算一个叶片,然后计算域两侧设置成旋转周期边界。叶片进口及出口长度分别为10R(R为叶片长度),叶片展向高度为6R。计算域上边界设置为速度进口、计算域下边界及顶边界设置为压力出口,计算域两侧设置成旋转周期边界,叶片包裹区域设置为转动区域,转静子交界面采用冻结转子法。叶片计算域及边界条件设置见图4-44。

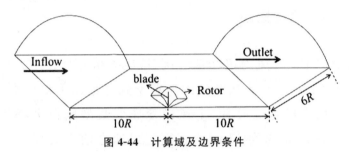

图 4-44 计算域及边界条件

Fig. 4-44 Computational domain and boundary conditions

数值方法：采用Fluent进行数值计算,湍流计算方法选用DES计算,近壁区RANS方法湍流模型选择SST模型,二阶精度。时间步长按转速进行计算,一个时间步长对应叶片转过7.2°,先计算500步(对应风轮旋转10圈),待流场稳定后,再计算250步(对应风轮旋转5圈)进行时均统计。

4.3.3 结果分析

4.3.3.1 叶片气动特性分析

图4-45为风力机功率曲线,图中曲线为设计功率值,点为CFD计算得到功率值。计算风速为5m/s、7m/s、9m/s,从图中可以看到,CFD计算值在三个风速下均与设计值较好地吻合,从一定程度上验证了数值方法的可靠性。

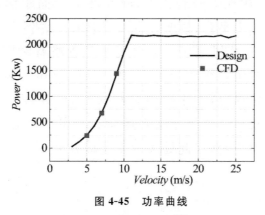

图 4-45　功率曲线

Fig. 4-45　Power curve

图 4-46 为叶片根部吸力面叶片表面极限流线。从图中可以看出,在叶片根部吸力面发生了较大尺度的流动分离,且在三个风速下叶片根部的分离位置比较接近。该风力机在额定功率之前为变速定桨型风力机,当来流风速发生变化时,风力机叶片桨距角不变,风轮转速改变从而调节功率。当来流风速变化时,叶片上某个截面的风速入流角变化不大,所以对于该风力机叶片,在不同风速工况时,叶片根部的分位置比较接近。

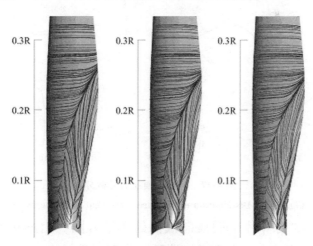

图 4-46　叶片表面极限流线

Fig. 4-46　Limit streamline on blade surface

图 4-47 为叶片三个展向位置处叶片表面压力系数分布。首先从图中可以看出,在三个风速情况下叶片表面压力系数分布相

差不多。其次,在 0.1 倍展长处,叶片在吸力面距前缘约 0.4 倍弦长处出现了压力平台,说明在 $0.4C$ 处开始发生了流动分离;在 0.2 倍展长处,三个风速压力平台发生位置略有区别,5m/s 风速时压力平台位置距前缘约为 $0.6C$ 处,7m/s 、9m/s 风速时压力平台位置略靠近尾缘,压力平台位置约为 $0.7C$ 处;即 5m/s 时压力平台出现位置较另两个风速略靠近前缘。在 0.3 倍展长处,三个风速下均无压力平台,在此处未发生流动分离。

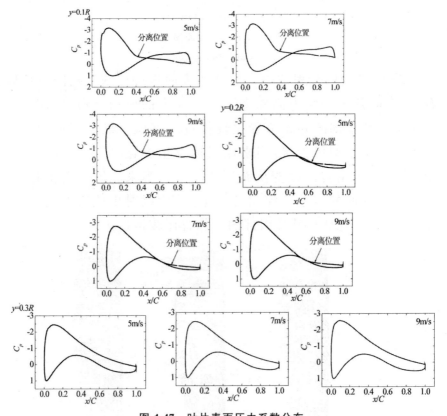

图 4-47　叶片表面压力系数分布

Fig. 4-47　Distribution of pressure coefficient on blade surface

图 4-48 为叶片不同展向截面处涡量云图。由图可知,越靠近叶根处,翼型的入流角越大,翼型的分离尺度也越大,分离主要发生在翼型吸力面的尾缘处。随着风速的增加,翼型尾缘的分离尺度相差不多,但在叶根处(0.1R),5m/s 风速时,截面处的分离尺度较小,其余两个风速相差不多。

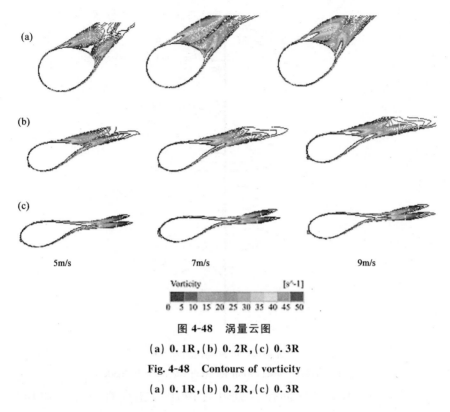

图 4-48　涡量云图

(a) 0.1R,(b) 0.2R,(c) 0.3R

Fig. 4-48　Contours of vorticity

(a) 0.1R,(b) 0.2R,(c) 0.3R

4.3.3.2　叶片噪声特性分析

图 4-49 为叶片噪声监测点位置。在叶片展向位置布置 5 层监测点,分别为 0.1R、0.2R、0.3R、0.5R、1.0R。每个展向截面处绕叶片布置两周监测点,点的间隔为 15°,即每周布置 24 个监测点,第一周监测点距叶片变桨轴的半径 $r_1 = 4$m,第二周监测点距叶片变桨轴的半径 $r_2 = 8$m。叶片前缘为 x 轴负方向,尾缘为 x 轴正方向,叶片压力面为 z 轴负方向,叶片吸力面为 z 轴正方向。在方向角上,x 轴正方向为 0°,z 轴正方向为 90°,x 轴负方向为 180°,z 轴负方向为 270°。

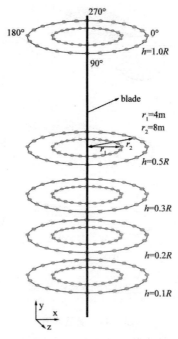

图 4-49 叶片噪声监测点

Fig. 4-49 Observation location for noise in blade

图 4-50 为不同展向位置处叶片声压级指向性分布。声压监测点半径 $r_1=4m$，从图中可以看出不同展向位置处声压级指向性分布略有不同，在叶尖位置 1.0R 处声压级分布为典型的偶极子形状，叶根处声压级指向性分布为椭圆形分布。在声压级大小方面，0.5R 处声压级强度最大，依次为 0.3R、0.2R、0.1R。三个风速情况下声压级的分布规律基本相同。

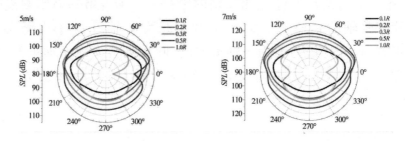

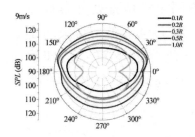

图 4-50　声压级指向性分布(不同展向位置)

Fig. 4-50　Directionality of sound pressure level with different spanwise location

图 4-51 为不同风速情况下声压级指向性沿展向分布规律。声压监测点半径 $r_1 = 4\mathrm{m}$,从图中可以看到,无论在哪个展向位置处,声压级大小均与风速的大小成正比关系,即风速越大声压级越大。

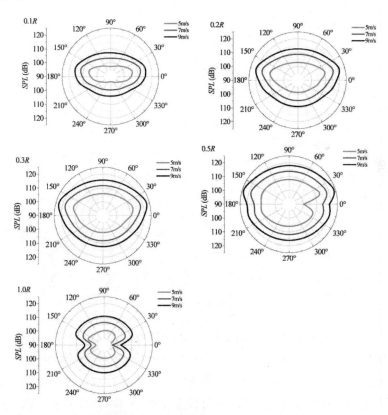

图 4-51　声压级指向性分布(不同风速)

Fig. 4-51　Directionality of sound pressure level with different wind speed

　　图 4-52 为声压级指向性在不同半径位置处分布规律。从图中可以看出,在不同展向位置处半径 $r=8\mathrm{m}$ 处声压级均小于半径 $r=4\mathrm{m}$ 处声压级,这与翼型的声压级分布规律一致,即越远离叶片声压级越小,但不同径向位置处声场的指向性规律一致。

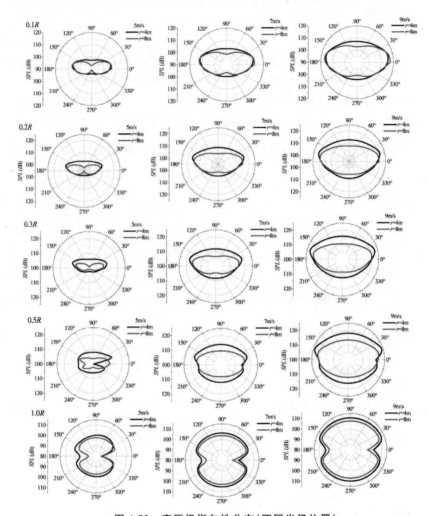

图 4-52　声压级指向性分布(不同半径位置)

Fig. 4-52　Directionality of sound pressure level with different radius location

　　图 4-53 为叶片噪声声压级随频率分布规律,图(1)为噪声监测点位置,监测点位于 0.1R 展向位置,点 A 位于叶片尾缘、点 C 位于叶片前缘、点 B 位于叶片吸力面、点 D 位于叶片压力面,监测点距叶片气动中心均为 4m。图(2)为 5m/s 风速时监测点处声压

级分布规律。从图中可以看出,声压级分布规律在叶片一周略有不同,点 A、点 C 处声压级分布为宽频特性,而在叶片的吸力面(点 B)、压力面(点 D)处为低频特性。在两监测点处的主频与高阶谐波频率一致,声压级的主频为 0.15Hz,高阶谐波频率分别为 0.3Hz、0.45Hz。

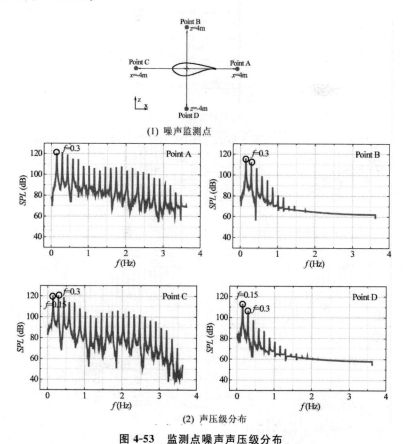

图 4-53　监测点噪声声压级分布

Fig. 4-53　Distribution of sound pressure level at observation point for noise

图 4-54 为不同监测点处声压级分布规律。图(1)为噪声监测点位置,噪声监测点位于叶片吸力面距叶片气动中心 4m 位置处,沿展向布置 5 个监测点,分布在 $y=0.1R$、$0.2R$、$0.3R$、$0.5R$、$1.0R$ 处。图(2)为 5m/s 风速时监测点处声压级分布规律。从图中可以看出,声压级沿展向的分布规律是不同的,越靠近外叶展声压级分布规律越呈现出宽频特性,叶根处呈现低频特性。但声

压级的主频与高阶谐波频率一致，分别为 0.15 Hz、0.3 Hz、0.45 Hz。

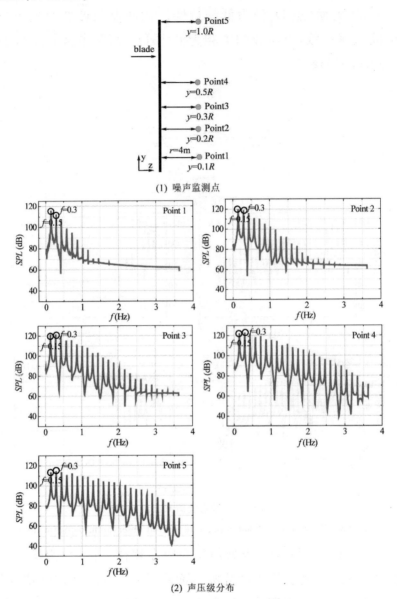

(1) 噪声监测点

(2) 声压级分布

图 4-54　监测点噪声声压级分布

Fig. 4-54　**Distribution of sound pressure level at observation point for noise**

图 4-55 为叶片不同展向位置处均方根压力云图。从图中可以看出，首先随着风速的增加，叶片各个截面的均方根压力逐渐

增加,这也对应着叶片的声压级的增加。其次,叶片的均方根压力最大值主要集中在叶片的吸力面,而且在叶片的尾缘以及叶片吸力面的前缘均方根压力较大,说明风力机叶片的主要噪声源主要集中在叶片吸力面的前缘以及尾缘处。

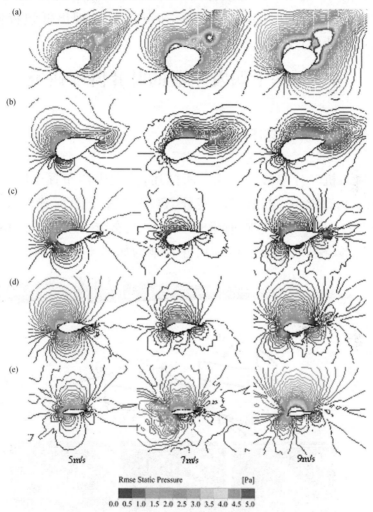

图 4-55　均方根压力云图
(a) 0.1R,(b) 0.2R,(c) 0.3R,(d) 0.5R,(e) 1.0R
Fig. 4-55　Contours of RMS pressure
(a) 0.1R,(b) 0.2R,(c) 0.3R,(d) 0.5R,(e) 1.0R

　　小结:对于变桨变速型风力机,在计算的三个风速内,叶片吸力面的分离位置及分离尺度较为接近。叶片噪声的指向性分布中,靠近叶根处,叶片前缘、尾缘处的声压级大于叶片上下表面处声压级,而在叶尖处,噪声的指向性分布与翼型类似,在叶片前缘、尾缘处声压级小于叶片上下表面声压级。在叶片的前缘、尾缘处,噪声呈现明显的宽频特性,而在叶片的上下表面,噪声呈现出低频特性。而在叶片的内叶展,噪声特性呈现出低频特性,而越靠近外叶展,噪声呈现出宽频特性。

4.4 基于涡发生器的叶片降噪研究

4.4.1 算例描述

风力机叶片参数如 4.3.1 所描述,涡发生器布置于叶片根部 $0.1R\sim0.28R$ 之间,在 $0.1R$ 处 VGs 布置于距前缘 $0.1C$ 处,$0.28R$ 处 VGs 布置于距前缘 $0.5C$ 处,共布置 128 对。结构分别为三角形、梯形、矩形。VGs 尺寸及结构如图 4-56 所示。

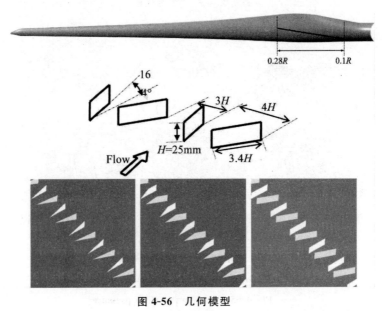

图 4-56 几何模型

Fig. 4-56 Geometry model

4.4.2　计算方法

本节计算方法同 4.3.2 节。

计算网格:采用 AutoGrid5 软件生成叶片整体网格,然后在 IGG 软件中将 VGs 区域网格剖出,对 VGs 区域进行加密,VGs 高度方向布置 27 个网格,弦向布置 33 个网格,第一层网格高度 0.01mm,网格总数约 700 万。网格分布见图 4-57。

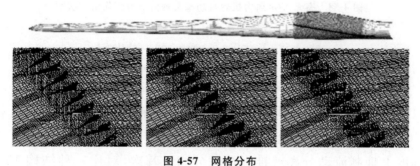

图 4-57　网格分布

Fig. 4-57　Distribution of mesh

4.4.3　结果分析

4.4.3.1　带涡发生器叶片气动特性分析

图 4-58 为有无 VGs 风力机叶片功率及轴向推力变化值柱状图。由图可知,带 VGs 的风力机叶片功率及轴向推力均比无 VGs 的有所提高,功率、轴向推力的增加值基本相当。在功率方面,带梯形 VGs 的叶片在 5m/s、7m/s 风速下功率增加最多,而 9m/s 风速时带矩形 VGs 的功率增加最多。低风速时带 VGs 叶片功率增加效果要优于高风速,其中 5m/s 风速时带梯形 VGs 的功率增加最多,增加了 2%,此时轴向推力增加了 1.9%。在轴向推力方面,低风速时轴向推力增加值要高于高风速,带矩形 VGs 的叶片轴向推力增加值最多,在 5m/s 时带矩形 VGs 的叶片轴向

推力增加了 2.1%,但功率仅增加了 1.7%。

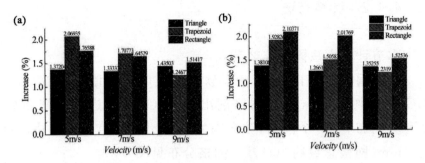

图 4-58　有无 VGs 风力机叶片功率及轴向推力变化值柱状图

(a) 功率,(b) 轴向推力

Fig. 4-58　Variation of power and axial thrust

(a) Power,(b) Axial thrust

图 4-59 为有无 VGs 时叶片吸力面极限流线。首先从图中可以看到,无论哪种结构 VGs 均能在一定程度上推迟分离线,带 VGs 叶片表面的极限流线更加靠近尾缘,说明 VGs 均能在一定程度上抑制流动分离或推迟流动分离。其次,对比三种结构 VGs 之间的流动控制效果,从总体上来看,梯形和矩形 VGs 效果要优于三角形 VGs,这与图 4-58 功率的变化规律是一致的,至于梯形和矩形的流动控制效果,从极限流线上观测并无明显差别。

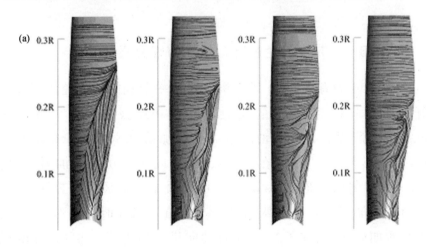

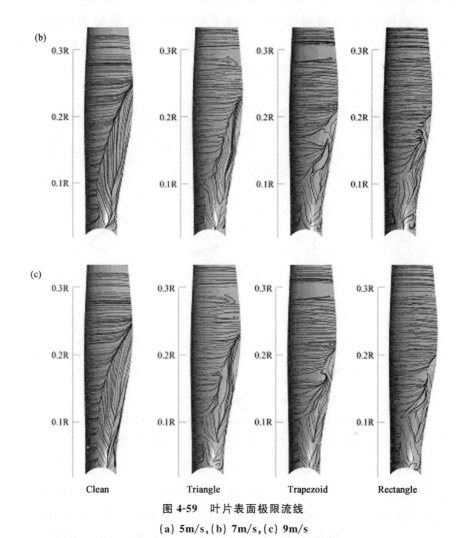

(b)

(c)

Clean　Triangle　Trapezoid　Rectangle

图 4-59　叶片表面极限流线

（a）5m/s,（b）7m/s,（c）9m/s

Fig. 4-59　Limit streamline on blade surface

（a）5m/s,（b）7m/s,（c）9m/s

　　图 4-60 为三个叶片展长位置处叶片表面压力系数分布。图中 C_p 曲线凸起的位置为 VGs 的安装位置,且 C_p 曲线向上凸起是由于 C_p 所截取位置位于 VGs 的低压面,所以此处压力会较低。从图中可以看到,在 0.1R 截面处光滑叶片与带 VGs 叶片压力平台出现的位置相差不多,说明在该位置处 VGs 流动控制效果较差,未能有效推迟流动分离。在 0.2R 处,光滑叶片于距前缘约 0.65 倍弦长左右出现压力平台,而带 VGs 叶片压力平台基本

消失,说明在该位置处 VGs 起到了很好抑制流动分离的效果。在 $0.3R$ 处,此时已超出 VGs 安装区域,且此处已经没有流动分离,各方案 C_p 曲线分布基本重合。

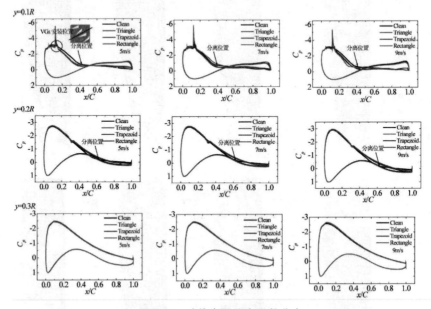

图 4-60　叶片表面压力系数分布

Fig. 4-60　Distribution of pressure coefficient on blade surface

图 4-61 为叶片切向力与法向力沿展向分布规律。从图中可以看出,在 $0.3R\sim1.0R$ 展向位置各方案的切向力及法向力基本一致,说明 VGs 布置于 $0.1R\sim0.28R$ 位置处,VGs 对外叶展受力并无影响。在 $0.3R$ 以内,不同 VGs 方案间的法向力差别也很小,切向力方面,总体上看,在 5m/s、7m/s 时梯形 VGs 叶片的切向力稍大于其余两个方案,而在 9m/s 时,矩形 VGs 叶片切向力稍大些。

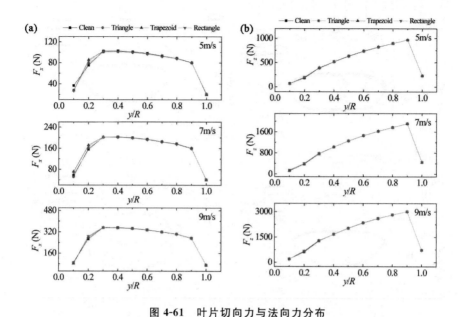

图 4-61　叶片切向力与法向力分布

（a）切向力，（b）法向力

Fig. 4-61　Distribution of tangential and normal force in blade

(a) Tangential force，(b) Normal force

4.4.3.2　带涡发生器叶片气动噪声特性分析

图 4-62 为不同风速时声场指向性分布，声场的监测点如图 4-49所示。图（1）为 5m/s 风速时声场指向性分布规律，从图中可以看出，在 0.1R、0.2R、0.3R 三个截面位置处，光滑叶片及不同 VGs 形状叶片间声压级的分布规律一致且声压级的大小基本一致，在 0.5R、1.0R 处，带矩形 VGs 的叶片声压级分布规律以及在叶片周向声压级的大小在某些角度处与其余三个方案略有不同，但梯形、三角形与光滑叶片声压级分布基本一致，说明在该风速时矩形 VGs 对叶片的气动噪声要大于其余两种 VGs。

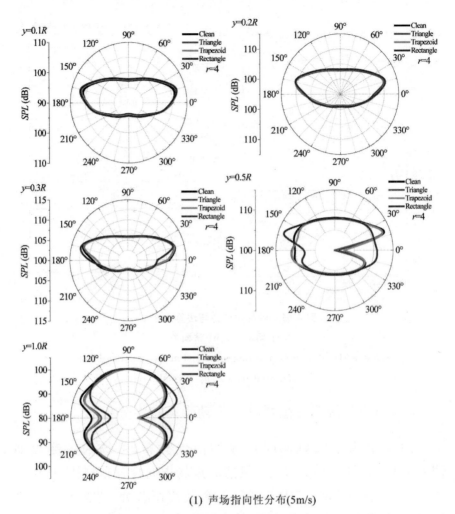

(1) 声场指向性分布(5m/s)

图 4-62　不同风速时声场指向性分布(1)

Fig. 4-62　Distribution directionality of sound field at different wind speed(1)

　　图 4-62(2)为 7m/s 时声场指向性分布规律。从图中可以看出,在 7m/s 风速时 VGs 对叶片的气动噪声影响不大,声压级大小与光滑叶片并无明显差别,且不同 VGs 形状之间的声压级大小也无明显差别。

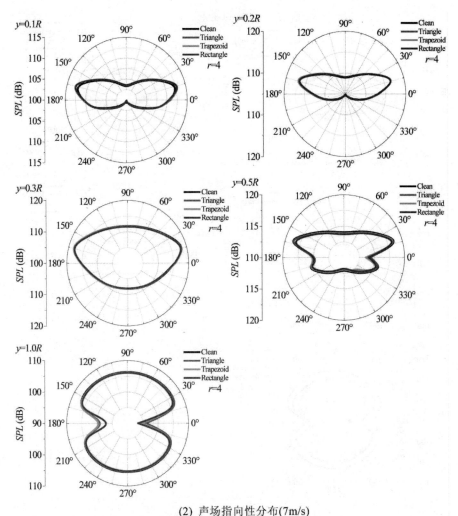

(2) 声场指向性分布(7m/s)

图 4-62　不同风速时声场指向性分布(2)

Fig. 4-62　Distribution directionality of sound field at different wind speed(2)

　　图 4-62(3)为 9m/s 时声场指向性分布规律。从图中可以看出,在 0.1R～1.0R 所有展向位置矩形 VGs 声压级均大于其余三个工况,说明在此风速时,矩形 VGs 会增加叶片气动噪声。在 0.1R～0.5R 截面位置,三角形、梯形 VGs 声压级大小与光滑叶片声压级大小相差不多,但在 1.0R 截面处,三角形、梯形 VGs 声压级均低于光滑叶片,说明三角形、梯形 VGs 在该位置处具有一定的降噪作用。

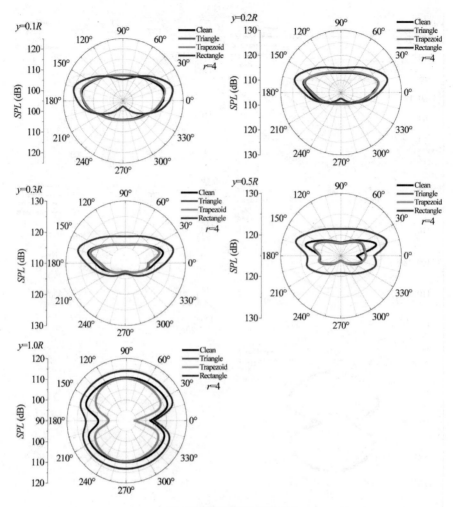

(3) 声场指向性分布(9m/s)

图 4-62　不同风速时声场指向性分布(3)

Fig. 4-62　Distribution directionality of sound field at different wind speed(3)

　　图 4-63 为总声压级在不同相位角下沿展向分布规律。图(1)为噪声监测点,噪声监测平面位于叶片下游 $z=4\text{m}$ 处,图中箭头方向为叶片的旋转方向,从 $+60°$ 至 $-60°$ 每个 $15°$ 设置一条监测线,在展向位置布置 5 个监测点,如图(1)所示。图(2)为总声压级在不同相位角时沿展向分布规律图,从图中可以看出,声压级沿展向分布先增加后减小,且不同相位角时分布规律一致,唯有在 $45°$ 相位角时略有不同,此相位角时 $0.1R$ 处声压级大于 $0.2R$

处声压级,这可能跟该位置处叶根的分离旋涡有关。此外,在 5m/s、7m/s 风速时,有无 VGs 叶片总声压级大小相差不多,但在 9m/s 时,矩形 VGs 总声压级在各个相位角均大于其余两个 VGs 形状以及光滑叶片。

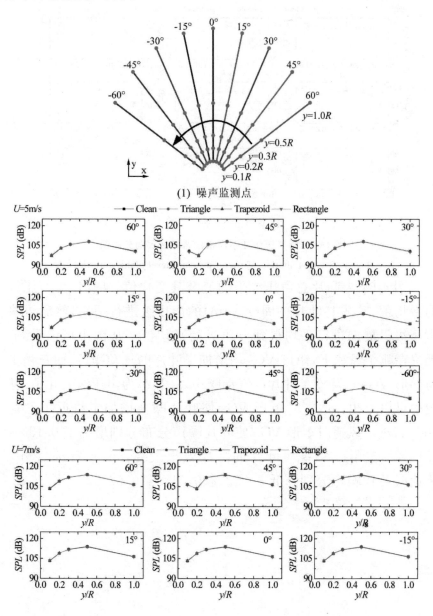

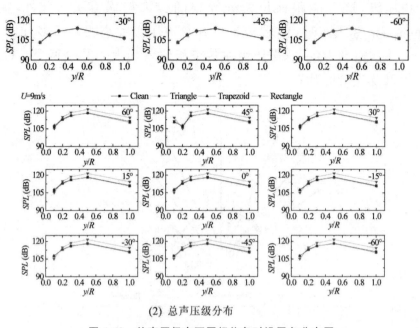

(2) 总声压级分布

图 4-63　总声压级在不同相位角时沿展向分布图

Fig. 4-63　Distribution of sound pressure level along spanwise

图 4-64 为叶片总声压级平均值及其变化值。图(1)为声压级的平均值,首先将叶片一周($r＝4$m)的声压级进行平均,然后再将声压级沿展向进行平均得到声压级的平均值。从图中可以看到,无论在哪个风速下,矩形 VGs 均增加了叶片的气动噪声,而三角形与梯形 VGs 均降低了叶片的气动噪声。图(2)为声压级变化值,从图中可以看出,9m/s 时矩形 VGs 使叶片噪声增加了将近 1.7％,5m/s、7m/s 风速时矩形 VGs 使叶片噪声分布分别增加了 0.18％、0.14％。三角形 VGs 对叶片的降噪效果最佳,5m/s、7m/s、9m/s 风速时叶片噪声分别降低了 0.2％、0.017％、0.59％。

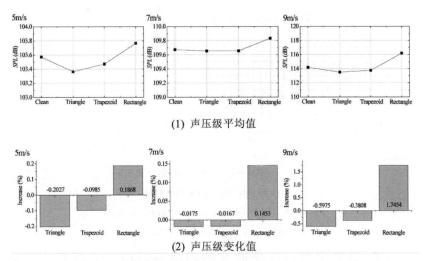

(1) 声压级平均值

(2) 声压级变化值

图 4-64　声压级平均值及其变化值

Fig. 4-64　Average and variation value of sound pressure level

图 4-65 为声压级随频率的分布规律,噪声监测点如图 4-54
(1)所示。从图中可以看出,在叶根处叶片的噪声特性呈现出低
频特性,外叶展呈现出宽频特性,其次,不同 VGs 形状间的声压
级分布规律差别很小,沿展向的分布规律也相同,且声压级的主
频及高阶谐波频率也相同。

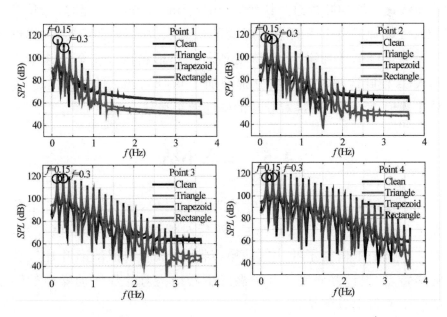

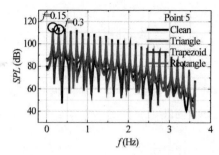

图 4-65　声压级分布

（a）5m/s,（b）7m/s,（c）9m/s

Fig. 4-65　Distribution of sound pressure level

（a）5m/s,（b）7m/s,（c）9m/s

　　小结：涡发生器可以使叶片的功率和轴向推力都有所增加。带梯形 VGs 叶片在 5m/s、7m/s 风速下功率增加最多,而在 9m/s 风速时梯形 VGs 功率增加最多。其中 5m/s 风速时,梯形 VGs 功率最多增加了 2%。在轴向推力方面,带矩形 VGs 叶片的轴向推力增加最多,在 5m/s 风速时矩形 VGs 叶片轴向推力增加了 2.1%,但功率仅增加了 1.7%。在总声压级方面,三角形、梯形 VGs 可以使叶片总声压级降低,而矩形 VGs 不但不能降低叶片总声压级还会增加叶片总声压级。5m/s、7m/s、9m/s 风速时,三角形 VGs 使叶片噪声声压级分别降低了 0.2%、0.017%、0.59%。梯形 VGs 也会降低叶片噪声,但降低值较三角形稍低。三个风速下矩形 VGs 使叶片噪声声压级分别增加了 0.18%、0.14%、1.7%。总体上来说,三角形 VGs 对叶片的降噪效果最佳。

4.5　本章小结

　　本章以某 2MW 风力机叶片为研究对象,首先对叶片 5 个截面处的典型翼型进行计算分析,然后对整体叶片进行数值计算,在 3 个风速下研究了叶片气动噪声特性,最后根据洁净叶片气动噪声特点,设计并研究了 3 种涡发生器结构对叶片气动噪声的影响。主要得出以下结论:

（1）风力机叶片各截面翼型的气动噪声特性是不同的，且对于某个特定翼型，其噪声强度并不随攻角呈线性变化。DF180 翼型的最大升阻比攻角为 4°，其噪声最低的攻角为 4°，噪声最大的攻角为 19°；DF210 翼型的最大升阻比攻角为 4°，其噪声最低的攻角也为 4°，噪声最大攻角为 19°；DF250 翼型的最大升阻比攻角为 4°，而其噪声最低的攻角为 0°，但 0°、4°、8°三个攻角的声压级相差不多，大于 8°攻角后，翼型声压级强度迅速增加，噪声最大攻角为 19°；DF350 翼型的最大升阻比攻角为 8°，噪声最低的攻角也为 8°，但 0°、4°两个攻角的声压级相差不多，大于 8°攻角后，翼型声压级强度迅速增加。DF400 翼型的最大升阻比攻角为 8°，其噪声最低的攻角为 4°，但 0°、4°、8°三个攻角的声压级相差不多，大于 8°攻角后，翼型声压级强度迅速增加。翼型的声压级随攻角的变化规律与升阻比随攻角的变化规律类似，且翼型声压级最低的攻角与翼型最大升阻比攻角密切相关，但不是完全对应。

（2）翼型的相对厚度越大，其失速攻角也越小，翼型越容易发生流动分离，但翼型的最大升阻比并不随相对厚度单调变化。DF180 翼型的最低声压级为 75dB、DF210 为 73dB、DF250 为 75dB、DF350 为 79dB、DF400 为 8075dB，所以翼型声压级的最小值基本与翼型相对厚度呈正比关系，但翼型失速之后（19°）之后，声压级大小与翼型厚度相关性不大，但总体上，相对厚度大的翼型较相对厚度小的翼型声压级略大。

（3）对于变桨变速型风力机，在计算的三个风速内，叶片吸力面的分离位置及分离尺度较为接近。叶片噪声的指向性分布中，靠近叶根处，叶片前缘、尾缘处的声压级大于叶片上下表面处声压级，而在叶尖处，噪声的指向性分布与翼型类似，在叶片前缘、尾缘处声压级小于叶片上下表面声压级。在叶片的前缘、尾缘处，噪声呈现明显的宽频特性，而在叶片的上下表面，噪声呈现出低频特性。而在叶片的内叶展，噪声特性呈现出低频特性，而越靠近外叶展，噪声呈现出宽频特性。

（4）安装涡发生器可使叶片的功率和轴向推力均有所增加，

但不同形状的 VGs 对叶片总声压级的影响不同,三角形、梯形 VGs 可以使叶片总声压级降低,而矩形 VGs 不但不能降低叶片总声压级还会增加叶片总声压级。在 5m/s、7m/s 风速下,带矩形 VGs 叶片功率增加最多,9m/s 风速时,带梯形 VGs 叶片功率增加最多。其中 5m/s 风速时,梯形 VGs 功率最多增加了 2%。在轴向推力方面,矩形 VGs 叶片轴向推力增加最多,在 5m/s 风速时矩形 VGs 叶片轴向推力增加了 2.1%,但功率仅增加了1.7%。5m/s、7m/s、9m/s 风速时,三角形 VGs 使叶片噪声声压级分别降低了 0.2%、0.017%、0.59%。梯形 VGs 也会降低叶片噪声,但降低值较三角形稍低。三个风速下矩形 VGs 使叶片噪声声压级分别增加了 0.18%、0.14%、1.7%。总体上来说,三角形 VGs 对叶片的降噪效果最佳。

第 5 章　结论与展望

5.1　结论

采用 BPM 及 CFD/FW-H 方法,系统研究了翼型气动噪声特性与翼型降噪方法,在此基础上,深入研究了风力机叶片气动噪声特性以及叶片降噪方法。得出如下主要结论:

(1) 三种湍流计算方法(URANS、DES、LES)计算得到翼型声压级的主频基本一致,主频所对应的声压级也基本一致。计算所得主频比实验主频较低,但声压级的峰值相差不多,在声压级随频率的变化趋势上 URANS 与 DES 计算结果比较接近,且DES 计算结果更加接近实验值,LES 计算结果在高频区与实验值相差较大。流场中声压的变化与压力的变化是密不可分的,流场中声压脉动与压力脉动得到的主频及高阶谐波频率基本一致。在翼型下游的流向上,不同空间点处声压频谱的主频基本一致。TNO 与 BPM 计算声压级在高频区与实验值吻合较好,但在低频区与实验值相差较多。TNO 与 BPM 计算结果中,BPM 计算结果更加接近实验值。CFD 计算结果与 TNO 及 BPM 结果在高频区较接近,但在低频区 CFD 计算结果优于 TNO 及 BPM 计算结果。

(2) 翼型声压级大小均随着半径距离的增加而逐渐减小,翼型噪声的指向性分布呈明显的偶极子形状。翼型尾缘下游噪声明显要大于前缘噪声,但翼型前缘及尾缘噪声均小于翼型上下表面噪声值。在小攻角时,翼型声压级在翼型上下表面的分布基本沿弦线对称,攻角较大时,声压级在上下翼型的分布基本沿来流对称分布。声压级随攻角的变化规律在翼型四个方向上略有不同,总体上,翼型声压级的大小与攻角的关系不大。钝尾缘翼型与常规翼型相比升力系数较高,但相应的阻力系数也较高。钝尾缘翼型升力系数的主频均低于常规翼型,说明常规翼型尾缘旋涡脱落的速度比钝尾缘翼型快。常规翼型在小攻角时,声压级分布呈现低频特性,在大攻角时,呈现宽频特性。而钝尾缘翼型声压级分布均呈现出低频特性。在小攻角时,钝尾缘翼型声压级大于常规翼型,而在大攻角时,两者之间的声压级相差不多。

（3）涡发生器在不同攻角下对翼型噪声的影响规律略有不同。在小攻角时,涡发生器能降低翼型气动噪声;在较大攻角时,涡发生器也能降低翼型气动噪声;但在某些既存在分离,攻角又不是很大时,涡发生器反而会增加翼型气动噪声。对于洁净翼型,小攻角时,翼型的噪声特性呈现低频特性,而较大攻角时呈现出宽频特性。对于带涡发生器翼型,在所有攻角下,翼型噪声分布呈现低频特性。

（4）风力机叶片各截面翼型的气动噪声特性是不同的,且对于某个特定翼型,其噪声强度并不随攻角呈线性变化。翼型的声压级随攻角的变化规律与升阻比随攻角的变化规律类似,且翼型声压级最低的攻角与翼型最大升阻比攻角密切相关,但不是完全对应。翼型声压级的最小值基本与翼型相对厚度呈正比关系,但翼型失速之后,声压级大小与翼型厚度相关性不大,总体上,相对厚度大的翼型较相对厚度小的翼型声压级略大。

（5）叶片噪声的指向性分布中,在内叶展,叶片前缘、尾缘处的声压级大于叶片上下表面处声压级,而外叶展,噪声的指向性分布与翼型类似,在叶片前缘、尾缘处声压级小于叶片上下表面声压级。在叶片的前缘、尾缘处,噪声呈现明显的宽频特性,而在叶片的上下表面,噪声呈现出低频特性。在叶片的内叶展,噪声特性呈现出低频特性,而越靠近外叶展,噪声呈现出宽频特性。三种涡发生器结构（三角形、梯形、矩形）均能推迟流动分离,提高叶片气动性能。但矩形涡发生器会增加叶片气动噪声,梯形及三角形涡发生器均会降低叶片气动噪声,且三角形涡发生器使叶片气动噪声降低最多,所以三角形涡发生器降噪效果最优。

5.2　展望

由于工作时间、计算条件、实验条件的限制,本书还存在一些不足和需要改进的地方,现列出以下几点:

(1) 实验研究是科学研究中重要环节,由于噪声实验需要特殊的低背景噪声的声学风洞,本书受限于实验条件的不足,未开展翼型气动噪声的实验研究。

(2) 对于翼型及叶片降噪方法的研究,在本书中只研究了一种尺寸涡发生器,这不一定是最佳的尺寸,如果多变换几种涡发生器尺寸,可能得到的降噪效果会有不同,因此需要对涡发生器进行优化。

(3) 研究叶片气动噪声特性时,假定叶片是刚性体以及来流是均匀的,未考虑叶片的变形。这与实际运行中的叶片状态不同。所以今后开展叶片气动噪声研究中,应尽量多考虑叶片的实际运行环境和来流环境。

参考文献

[1]中国循环经济协会可再生能源专业委员会,中国可再生能源学会风能专业委员会,全球风能理事会. 2014 中国风电发展报告[R]. 2015.

[2]马晓波,王继亮. 华能江苏启东风力发电场噪声扰民[EB/OL]. http://leaders. people. com. cn/n/2015/0116/c217816—26398874. html.

[3]马晓波. 华能启东风力发电场噪声扰民 环保要求未落实[EB/OL]. http://jiangsu. china. com. cn/html/yq/jsyq/934496_2. html.

[4]韩振,杨胜利. 4.2 亿风电项目涉嫌未批先建 噪音扰民屡遭投诉[EB/OL]. http://js. ifeng. com/app/js/detail_2015_09/29/4407138_0. shtml.

[5]University of Salford. Research into aerodynamic modulation of wind turbine noise[R]. Department for Business Enterprise and Regulatory Reform,2007.

[6]Barnes J. and Gomez R. A variety of wind turbine noise regulations in the United States[C]. Second International Meeting on Wind Turbines Noise, Lyon, France, September 20—21, 2007.

[7]Meecham W. , Bui T. and Miller W. Diffraction of dipole sound by the edge of a rigid baffle[J]. Journal Acoustic Soc. Am. , Vol. 70, No 5, pp. 1531—1533, 1981.

[8]Lowson J. and Bullmore A. Wind turbine noise source characterization[C]. Proceedings of the 18th wind energy association conference, Exeter University, UK, p. 451, 1996.

[9]Voutsinas S. Development of a vortex type aeroacustic model of HAWTs and its evaluation as a noise prediction tool [R]. Final technical report on the JOU2-CT92-0148 project, 1995.

[10]Singer B A, Brentner K S, Lockard D P. Simulation of acoustics scatting from a trailing edge[J]. Journal of sound and vibration, 1999, 230(3): 544—560.

[11]Paterson R W, Vogt P G, Fink M L, Munch C L. Vortex noise of isolated airfoil[J]. Journal of aircraft10 — 5. 1973:96—302.

[12]Brooks T F, Hodgson T H. Trailing edge noise prediction from measured surface pressure[J]. Journal of sound and vibration78—1, 1981, 69—117.

[13]Brooks T F, Pope D S, Marcolini M A. Airfoil self-noise and prediction[J]. NASARP—1218, 1989.

[14]Brooks T., Pope D. and Marcolini M. Airfoils self-noise and predictions [R]. NASA Reference Publication 1218, 1989.

[15]Fuglsang P. and Madsen H. Implementation and Verification of an Aeroacustic Noise Prediction Model for Wind Turbines[R]. Risø National Laboratory publication, R — 867 (EN), 1996.

[16]Moriarty P. and Migliore P. Semi-empirical aeroacustic noise prediction code for wind turbines[R]. Technical report, NREL/TP-500-34478, 2003.

[17]Leloudas G., Zhu W., Sørensen J., Shen W. and Hjort S. Prediction and reduction of noise from a 2.3 MW wind turbine[J]. The Science of Making Torque from Wind, IOP Publishing, Journal of Physics, Conference Series 75, 012083, 2007.

[18]Herr M. Experimental investigations in low-noise trailing-edge design[J]. AIAA journal, Vol. 43, No. 6, 2005.

[19]Herr M. Design for low-noise trailing-edges[C]. 13th AIAA/CEAS Aeroacoustics conference, 2007a.

[20]Herr M. A noise reduction study on flow permeable trailing edge. ODAS, 2007b.

[21]Lowson, M. V. Applications of Aero-Acoustic Analysis to Wind Turbine Noise Control[J]. Wind Engineering,1992, Vol. 16, No. 3, pp126—140.

[22]Lowson, M. V. Assessment and Prediction of Wind Turbine Noise[R]. Flow Solution Report 1992,19, ETSU W/13/00284/REP, pp1—59.

[23]Lowson, M. V. ,Fiddes,S. P. ,Kloppel,V. ,et al. Theoretical Studies Undertaken During the Helinoise Programme [C], 19th European Rotorcraft Forum,1993,9,pp(B4)1—8.

[24]Lowson, M. V. ,Lowson,J. V. Systematic Comparison of Predictions and Experiment for Wind Turbine Aerodynamic Noise[R]. Flow Solutions Report 1993,03, ETSUW/13/00363/REP, pp1—18.

[25] Drela, M. and Youngren, H. XFOIL 6. 94 User Guide, Massachusetts Institute of Technology, Cambridge, Massachusetts, 2001.

[26]Jonkman J. and Marshall L. "FAST User's Guide," Technical Report NREL/EL-500-38230, http://wind. nrel. gov/designcodes/simulators/fast/FAST. pdf, National Renewable Energy Laboratory, Golden, CO, USA, 2005.

[27]Somers D M, Maughmer M D. Theoretical Aerodynamic Analyses of Six Airfoils for Use on Small Wind Turbines [R]. NREL/SR-500-33295, June, 2003.

[28]Amiet R. K. Acoustic Radiation from an Airfoil in a

Turbulent Stream[J]. J. Sound Vib. ,1975, pp407—420.

[29]Lowson, M. V. Assessment and Prediction Model for Wind Turbine Noise: 1. Basic Aerodynamic and Acoustic Models [R]. Flow Solution Report 1993,06, pp1—46.

[30]Moriarty, P, Guidati, G. , Migliore, P. Recent Improvement of a Semi-Empirical Aeroacoustic Prediction Code for Wind Turbines. Proc. , 10th AIAA/CEAS Aeroacoustics Conference, Manchester, UK, AIAA 2004—3041, 2004.

[31]MoriartyP, Guidati G, Migliore P. Prediction of Turbulent Inflow and Trailing-Edge Noise for Wind Turbines[C]. Proc. , 11th AIAA/CEAS Aeroacoustics Conference, Monterey, California, AIAA 2005—2881, 2005.

[32]Devenport W. , Burdisso R. , Camargo H. , Crede E. , Remillieux M. , Rasnic M. and Van Seeters P. Aeroacoustic testing of wind turbine airfoils[R]. Report for NREL, 2008a.

[33]Devenport W. , Burdisso R. , Camargo H. , Crede E. , Remillieux M. , Rasnic M. and Van Seeters P. Aeroacoustic Testing of Sandia National Labs wind turbine airfoils[R]. Report for Sandia National Labs, 2008b.

[34]Paterson R. , Vogt P. and Fink M. Vortex Noise of Isolated Airfoils[J]. J. Aircraft, Vol. 10, No. 5, May 1973.

[35]Oerlemans S. Wind Tunnel Aeroacoustic Tests of Six Airfoils for Use on Small Wind Turbines[R]. Subcontractor report, NREL /SR-500-35339, August 2004.

[36]Migliore P, Van Dam J, Huskey A. Acoustic tests of small wind turbines[J]. AIAA paper, 2004, 1185.

[37]Devenport W, Burdisso R A, Camargo H, et al. Aeroacoustic Testing of Wind Turbine Airfoils[J]. 2010.

[38]Oerlemans S, Sijtsma P, Méndez López B. Location and quantification of noise sources on a wind turbine[J]. Journal

of sound and vibration，2007，299(4)：869—883.

[39]Lee G S, Cheong C，Shin S H，et al. A case study of localization and identification of noise sources from a pitch and a stall regulated wind turbine [J]. Applied Acoustics，2012，73 (8)：817—827.

[40] Errasquin L A. Airfoil Self-Noise Prediction Using Neural Networks for Wind Turbines[D]. Virginia Polytechnic Institute and State University，2009.

[41]Göçmen T，Özerdem B. Airfoil optimization for noise emission problem and aerodynamic performance criterion on small scale wind turbines [J]. Energy，2012，46(1)：62—71.

[42]Uzun A，Hussaini M Y，Streett C L. Large-eddy simulation of a wing tip vortex on overset grids [J]. AIAA journal，2006，44(6)：1229—1242.

[43]Morris P J，Long L N，Brentner K S. An aeroacoustic analysis of wind turbines[C]. 23rd ASME Wind Energy Symposium，AIAA Paper. 2004 (2004—1184)：5—8.

[44]Cheng R，Morris P J，Brentner K S. A 3D Parabolic Equation Method for Wind Turbine Noise Propagation in Moving Inhomogeneous Atmosphere[C]. 12th AIAA/CEAS Aeroacoustics Conference，Cambridge，MA. 2006.

[45]Miller S A E，Morris P J. Rotational Effects on the Aerodynamics and Aeroacoustics of Wind Turbine Airfoils[C]. 12th AIAA/CEAS Aeroacoustics Conference (27th AIAA Aeroacoustics Conference). 2006.

[46]Sezer-Uzol N，Gupta A，Long L N. 3-D time-accurate inviscid and viscous CFD simulations of wind turbine rotor flow fields[M]. Parallel Computational Fluid Dynamics 2007. Springer Berlin Heidelberg，2009：457—464.

[47]卓文涛，季锃钏，陈二云等．翼型气动性能与噪声的综

合优化设计方法[J]. 动力工程学报 ISTIC，2012，32(6).

[48]程江涛. 风力机翼型与叶片协同设计理论研究[D]. 重庆：重庆大学，2011.

[49]李应龙. 水平轴风力机气动噪声预测的研究[D]. 上海：上海交通大学，2010.

[50]罗文博. 考虑气动噪声的风力机翼型设计及其应用[D]. 汕头：汕头大学，2011.

[51]Lighthill M J. On sound generated aerodynamically，I. General theory[J]. Proceedings of the royal society of London. 1952，p564—587.

[52]Lighthill M J. On sound generated aerodynamically，II. General theory[J]. Proceedings of the royal society of London. 1954，p1—32.

[53]Curle N. The influence of solid boundaries upon aerodynamic sound[J]. Proc. R. soe. Lon-don，1955，p505—514.

[54]Ffowcs Williams J E，Hawkings D L. Sound generation by turbulence and surfaces in arbitrary motion[J]. Philosophical transactions of the royal society of London，1969，342(3)：264—321.

[55]Farassat，F. Acoustic radiation from rotating blades-The Kirchhoff method in aeroacoustics[J]. Journal of sound and vibration，2001，785—800.

[56]Farassat F. Linear acoustic formulas for calculation of rotating blade noise[J]，AIAA，P83—0688.

[57]Prieur J，Rahier，Gilles. Aeroacoustics integral methods，formulation and efficient numerical implementation[P]. Aerosp. Sci. Technol. 2001，5：457—468.

[58]Powell A. Theory of vortex sound[J]. Acoust. Soc. 1964，36(8)：177—195.

[59]Farassat F，Myers M K. Extension of Kirchhoff's Formulation to Radiation form Moving Surface. Journal of sound

and vibration[J]，1988，123(3)：451—460.

[60]Francescantonio P. A New Boundary integral Formulation for the Prediction of Sound Radiation[J]，Journal of sound and vibration，1997，202(4)：191—509.

[61]Ewert R，Schroder W. On the simulation of trailing edge noise with a hybrid LES/APE method[J]. Journal of sound and vibration，2004：509—524.

[62]Sandberg R D，Jones L E. Direct numerical simulations of airfoil self-noise[J]. Procedia IUTAM，2010：274—282.

[63]Tomoaki Ikeda，Takashi A，Takagi S. Direct simulation of trailing-edge noise generation from two-dimensional airfoils at low Reynolds numbers[J]. Journal of sound and vibration，2012：556—574.

[64]Albarracin C A，Marshallsay P，Brooks L A，Cederholm A，Chen L，Doolan C J. Comparison of aeroacoustics predictions of turbulent trailing edge noise using three different flow solution ［ C ］ .18th Australasian fluid mechanics conference. 2012.

[65]Lummer M，Delfs J W，Lauke T. Simulation of sound generation by vortices passing the trailing edge of airfoils[R]. AIAA，2002：2002—2578.

[66]Jones L E，Sandberg R D. Numerical analysis of tonal airfoil self-noise and acoustic feedback-loops［J］. Journal of sound and vibration，2011：6137 —6152.

[67]Fleig O，Arakawa C，Shimooka M. Numerical simulation of wind turbine tip noise［R］. AIAA paper 2004 — 1190，2004.

[68]Lida M，Fleig O，Arakawa C. Wind turbine blade tip flow and noise prediction by large-eddy simulations[J]. Journal of Solar Energy Engineering. 2004，Vol. 126.

［69］Marsden O，Bogey C，Bailly C. Noise radiated by a high-Reynolds-number 3-D airfoil［R］. AIAA paper 2005－2817，2005.

［70］高志鹰，汪建文，东雪青，白杨，尤志刚. 基于测试线法的风轮附近尾迹辐射噪声研究［C］. 中国工程热物理学会流体机械学术会议，大连，2009.

［71］JIANG Min，LI Xiao-dong，BAI Bao-hong，LIN Da-kai. Numerical simulation on the NACA0018 airfoil self-noise generation［J］. Theoretical and applied mechanics letters，2012，2(5)：052004.

［72］JIANG Min，LI Xiao-dong，LIN Da-Kai. Numerical simulation on the airfoil self-noise at low Mach number flows［R］. AIAA paper 2012－0834，2002.

［73］Takagi Y，Fujisawa N，Nakano T，Nashimoto A. Cylinder wake influence on the tonal noise and aerodynamic characteristics of a NACA0018 airfoil［J］. Journal of sound and vibration. 2006，297：563－577.

［74］Nakano T，Fujisawa N，Oguma Y，Takagi Y，Lee S. Experimental study on flow and noise characteristics of NACA0018 airfoil［J］. Journal of wind engineering and industrial aerodynamics. 2006，95：511－531.

［75］Jacob M C，Jerome B，Casalino D，Marc M. A rod-airfoil experiment as benchmark for broadband noise modeling［J］. Theoretical and computational fluid dynamics. 2005，19：171－196.

［76］Greschner B，Thiele F，Jacob M C，Casalino D. Prediction of sound generated by a rod-airfoil configuration using EASM DES and the generalized lighthill/FW-H analogy［J］. computers&fluids，2008，37(4)：402－413.

［77］Giret J C，Sengissen A，Moreau S，Jouhaud J C. Prediction of sound generated by a rod-airfoil configuration using a compressible unstructured LES solver and a FW-H analogy[J]. AIAA paper 2012－2058，2012.

[78]Jacob M C，Jerome B，Casalino D，Marc M. A rod-airfoil experiment as benchmark for broadband noise modeling[J]. Theoretical and computational fluid dynamics，2005，19(3)：171－196.

[79]江旻，李晓东，周家检. 翼型绕流干涉噪声的实验与数值研究[J]. 应用数学和力学，2011,32(6)：718－729.

[80]Morris P J，Long L N，Brentner K S. An aeroacoustic analysis of wind turbines[R]. AIAA paper 2004－1184，2004.

[81]Ranft K，Ameri A A. Acoustis analysis of the NREL Phase Ⅵ wind turbine[J]. Proceedings of ASME Turbo Expo2010：Power for Land，Sea and Air. 2010.

[82]Mohamed M. H. Aero-acoustics noise evaluation of H-rotor Darrius wind turbines[J]. Energy，2013，1－9.

[83]Marcus E N，Harris W. An experimental study of wind turbine noise from blade-tower wake interaction[R]. AIAA P83－0691，1983.

[84]Rogers T，Omer S. The effect of turbulence on noise emissions from a micro-scale horizontal axis wind turbine [J]. Renewable energy，2012，41：180－184.

[85]Tadamasa A，Zangeneh M. Numerical prediction of wind turbine noise[J]. renewable energy，2011，36：1902－1972.

[86]Howe M S. Aerodynamic noise of a serrated trailing edge[J]. Journal of Fluids & Structures，1991，5(1)：33－45.

[87]Howe M S. Noise produced by a sawtooth trailing edge [J]. Journal of the Acoustical Society of America，1991，90(1)：482－487.

[88]Oerlemans S，Fisher M，Maeder T，et al. Reduction of wind turbine noise using optimized airfoils and trailing-edge serrations[J]. Aiaa Journal，2009，47(6)：1470－1481.

[89]Oerlemans S. Reduction of wind turbine noise using optimized airfoils and trailing-edge serrations[R]. Amsterdam：National Aerospace Laboratory NLR，NLR-TP-2009-401，2011.

[90]Gruber M，Joseph P，Chong T P. Experimental investigation of airfoil self noise and turbulent wake reduction by the use of trailing edge serrations[A]. 16th AIAA/CEAS Aeroacoustics Conference[C]，Stockholm，Sweden，2010.

[91]Matthew F B. Survey of Techniques for Reduction of Wind Turbine Blade Trailing Edge Noise[R]. Sandia National Laboratories：SAND2011－5252，2011.

[92]Herr M，Dobrzynski W. Experimental investigations in low noise trailing edge design[J]. AIAA，2005，43(6)：1167－1175.

[93]Herr M. Design criteria for low-noise trailing-edges[A]. 13th AIAA/CEAS Aeroacoustics Conference[C]，Rome，Italy，2007.

[94]Wasala S，Cater J. Wind turbine noise reduction by blade geometry modification[J].

[95]Wolf A，Lutz T，Wurz W，et al. Trailing edge noise reduction of wind turbine blades by active flow control[J]. Wind Energy，2015，18(5)：909－923.

[96]汪泉，陈进，程江涛等. 低噪声风力机翼型设计方法及实验分析[J]. 北京航空航天大学学报，2015，41(1)：23－28.

[97]刘沛清，崔燕香，屈秋林等. 多段翼型前缘缝翼吹气流动与噪声控制数值研究[J]. 民用飞机设计与研究，2012，(2)：6－12.

[98]仝帆，乔渭阳，王良锋等. 仿生学翼型尾缘锯齿降噪机理[J]. 航空学报，2015，36(9)：2911－2922.

[99]李海涛，张锦南，郭辉等. 风电叶片降噪研究[J]. 玻璃钢，2014，(2)：8－14.

[100]孙少明. 风机气动噪声控制耦合仿生研究[D]. 吉林：

吉林大学，2008.

[101]代元军，汪建文，赵虹宇．风力机近尾迹区域气动噪声分布和传播规律的实验研究[J]．四川大学学报，2013，45(5)：166－171.

[102]代元军，汪建文，赵虹宇等．风力机近尾迹叶尖区域气动噪声变化规律的试验研究[J]．程热物理学报，2014，35(1)：70－73.

[103]代元军，李保华，徐立军等．风力机近尾迹叶尖区域气动噪声变化规律的数值研究[J]．太阳能学报，2015，36(2)：336－341.

[104]赵华，周鹏展，张亢等．风力机叶片气动噪声时域分析方法研究[J]．河北科技大学学报，2015，36(2)：203－209.

[105]刘雄，罗文博，陈严等．风力机翼型气动噪声优化设计研究[J]．机械工程学报，2011，47(14)：134－139.

[106]程江涛，陈进，王旭东．基于噪声的风力机翼型优化设计研究[J]．太阳能学报，2012，33(4)：558－563.

[107]李仁年，袁尚科，赵子琴等．尾缘改型对风力机翼型性能的影响研究[J]．空气动力学学报，2012，30(5).

[108]薛伟诚．锯齿尾缘翼型降噪实验研究[D]．北京：中国科学院大学，2015.

[109]许影博，李晓东．锯齿型翼型尾缘噪声控制实验研究[J]．空气动力学学报，2012，30(1)：120－124.

附　录

物理量名称及符号表

物理量符号	名称或物理意义	量纲
p	声压	Pa
p_0	基准声压	Pa
p_e	有效声压	Pa
$\overline{W}$	平均声能量	W
$\overline{\omega}$	平均声能密度	J/m³
f	频率	Hz
c_0	声速	m/s
T	周期	s
I	声强	W/m²
I_0	基准声强	W/m²
L_I	声强级	dB(B)
L_p	声压级	dB(B)
L_p	声功率级	dB(B)
$\rho_0 c_0$	空气特性阻抗	Pa·s/m
SPL_p	压力面湍流边界层尾缘噪声声压级	dB
SPL_s	吸力面湍流边界层尾缘噪声声压级	dB
SPL_a	分离流噪声声压级	dB
SPL_l	层流边界层尾缘脱落涡噪声声压级	dB
SPL_b	钝尾缘噪声声压级	dB
SPL_f	特定频率的声压级	dB
SPL_{total}	总声压级	dB
α/AOA	攻角/Angle of Attack	°
α_{tip}	叶尖攻角	°
Re/Rc	雷诺数	1

物理量符号	名称或物理意义	量纲
Ma	马赫数	1
M_e	对流马赫数	1
St	斯特劳哈数	1
v	速度	m/s
U	来流风速	m/s
υ	运动黏度	m^2/s
δ_p^*	压力面尾缘边界层位移厚度	m
δ_s^*	吸力面尾缘边界层位移厚度	m
δ_0^*	零攻角下的边界层位移厚度	m
δ_p	压力面尾缘边界层厚度	m
δ_s	吸力面尾缘边界层厚度	m
δ_0	零攻角下的边界层厚度	m
θ_p	压力面边界层动量厚度	m
θ_s	吸力面边界层动量厚度	m
θ_0	零攻角下的边界层动量厚度	m
r_e	噪声测试距离	m
L	展向长度	m
c	弦长	m
h	尾缘厚度	m
ψ	尾缘角	°
$\overline{D}$	指向性函数	1
θ_e	极指向角	°
ψ_e	方位指向角	°
l	叶片尖部特征长度	m
C_f	局部摩擦系数	1
TI	大气湍流强度	1
σ_a	攻角标准差	°

* 其他未尽物理量及符号详见文中描述

基于 DES 射流式涡发生器数值模拟研究

胡　昊[1,2]，李新凯[1]，王晓东[1]，康　顺[1,3]

(1. 华北电力大学电站设备状态检测与控制教育部重点实验室，北京　102206；

2. 华北水利水电大学电力学院，郑州　450045；

3. 西安现代控制技术研究所，西安　710065)

摘　要：为了更好应用射流式涡发生器抑制风力机叶片流动分离，采用分离涡(DES)方法对平板上射流式涡发生器流进行了数值模拟，分析射流式涡发生器旋涡运动规律，以及吹风比对射流孔下游湍流场的影响。通过对射流孔下游大尺度湍流相干结构研究表明，发卡涡及流向涡是射流湍流场中的典型相干结构，成熟发卡涡涡腿外侧诱导出的次生流向涡对近壁区能量的交换有着重要作用。对比不同吹风比时射流孔下游流场信息表明，吹风比越大，射流孔下游旋涡尺度越大，射流扰动范围越大，射流壁面摩擦力损失降低，但流场中压差损失变大。

关键词：射流式涡发生器；DES；数值模拟；吹风比

NUMERICAL SIMULATION OF VORTEX GENERATOR JETS BASED ON DES

Hu Hao[1,2]，Li Xinkai[1]，Wang Xiaodong[1]，Kang Shun[1,3]

(1. North China Electric Power University，Key Laboratory of CMCPPE Ministry of Education，Beijing 102206，China；

2. North China University of Water Resources and Electric Power，ElectricityInstitute，Zhengzhou，450045，China；

3. Xi'an Modern Control Technology Research Institute，Xi'an 710065，China)

Abstract：In order to control flow separation of wind blade by vortex generator jets，vortex generator jets on flat were simulated based on DES，analysis of vortex movement of vortex generator jets at jet hole downstream, and the impact of the turbulence field at jet hole downstream with blowing ratio. The research of Large-scale coherent structures in turbulence at jet hole downstream show that: hairpin vortex and streamwisevortex is the typical coherent structure in turbulence field, the induced secondary flow vortex at outside of the hairpin vortex leg on near-wall region plays an important role in energy exchange. Comparison of flow field information at jet hole downstream with blowing ratio show that: blowing ratio increases, the scale of vertex increases, the disturbance range of jet increases, and the loss of wall friction be reduced, but the pressure loss of flow field will be increases.

Keywords: vortex generator jets; DES; numerical simulation; blowing ratio

0 引 言

随着风力机大型化发展,叶片长度越来越长,为满足强度要求,叶片根部往往采用大厚度翼型,由于叶根扭角的限制,其翼型的实际工作攻角偏大。在运行工况下,风力机叶片根部会发生较大流动分离,叶片发生流动分离会严重影响风力机风轮对风能的捕获功率,所以抑制叶根处流动分离是提高风力机气动功率的有效手段。

射流式涡发生器(Vortex Generator Jets,VGJs)属于主动流动控制,能有效抑制边界层流动分离,虽被动流动控制方法(涡发生器等)在流动控制方面也表现出了优异的控制效果[1~3],但VGJs可在不同逆压梯度环境下,快速连续地向边界层分离区提供能量,比被动流动控制更加高效,是流动控制中研究热点[4~8]。J. P. Bons 等[9,10]于 1999~2001 年研究了在涡轮叶片表面应用小孔稳态射流(VGJs)和脉冲射流(Pulsed VGJs)进行流动控制,研究表明 VGJs 能有效控制叶片表面边界层分离流动。国内清华大学金琰等[11]通过数值模拟的方法研究了在翼型背部加入射流从而达到减小翼型的颤振的目的。

目前射流式涡发生器大多应用于涡轮叶片当中，多适用工况多为低雷诺数流动，与涡轮叶片相比，风力机叶片表面流动雷诺数较高，且随着风速的变化，叶片根部逆压梯度处于不断变化过程。所以研究高雷诺数下吹风比对射流孔下游流场的影响很有必要，可为主动流动控制提供依据。本文采用数值模拟方法，以本课题组自主研制的实验模型[12]为研究对象，对比 SA 湍流模型及雷诺应力（RSM）模型及分离涡（DES）模型对计算精度的影响，分析射流场湍流典型相干结构，在高雷诺数工况下，研究不同对射流孔下游湍流场的影响。

1　几何模型及计算方法

1.1　几何模型

图 1 为计算域几何及弯孔几何尺寸，孔径 D＝6mm。

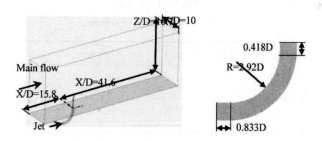

图 1　计算域及弯孔几何

Fig. 1　Computational domain and curved hole geometry

1.2　计算方法

图 2 为计算边界条件及网格分布，计算域两侧设置为对称边界。全域采用结构网格进行进行网格划分，第一层网格高度为 0.001 mm，计算得到射流孔下游大部分区域 $Y^+ < 0.1$，总体网格

数目为 230 万。

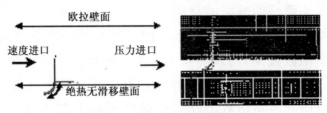

图 2 边界条件及网格分布

Fig. 2 Boundary conditions and mesh distribution

求解器采用商用软件 Fluent 进行数值计算,有限体积方法对控制方程进行离散,压力-速度耦合基于 SIMPLE 算法,控制方程的各项均采用二阶迎风格式。

本文计算方案见表 1,表中 Re_D 表示基于孔径的雷诺数,M 表示吹风比,其定义为射流速度与主流速度之比,本文通过固定主流风速不变,通过改变射流风速,从而达到改变吹风比的目的。方案 1 具有实验数据的计算,用来对比数值方法的可靠性,方案 2 研究的是适用于风力机叶片流动分离环境下的涡旋射流,故所取雷诺数较大。计算入口湍流度及入口速度型详见文献[12]。

表 1 计算方案

Table 1 Calculation scheme

方案	数值方法	主流风速 $U/\mathrm{m \cdot s^{-1}}$	Re_D	吹风比/M
1	SA RSM DES	2.5	1×10^3	0.5
2	DES	82	3.4×10^4	0.1、0.3 0.5、0.7

2 计算结果分析

2.1 方法验证

图 3 为计算域对称面上,射流孔下游 4 个位置处速度型。图中实验数据(EXP)为本课题组梁俊宇博士于华北电力大学完成。

由图 3 可知,本文所采用的 3 种方法获得的 **u** 方向速度及 **w** 方向速度分布与实验测量结果趋势较为一致,但从总体上来看 DES 方法要稍优于其余两种方法,故本文采用 DES 方法对涡旋射流进行数值模拟。

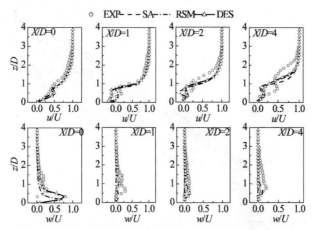

图 3　射流孔中间对称面上、下游 4 个位置处的速度分布

Fig. 3　Velocity distribution atthe downstream of four locationonSymmetry plane between the computational domain

在一些简单流动中,人们可凭直觉和图像确定涡的存在,但在三维粘性流动中,特别是复杂流动中,从实验或直接数值模拟的大量数据中能显示出涡结构、涡演化和相互作用是十分必要的,为此需要给出一个客观分辩涡旋的判据。Jeong 等人[13]提出把 $Q>0$ 的区域定义成涡,即 $\|\Omega\|^2 > \|E\|^2$,其物理意义即为在涡旋的区域内流体的旋转(涡量大小)与应变率大小而言起主导作用。具体公式为:

$$Q = \frac{1}{2}(\|\Omega\|^2 - \|E\|^2) \tag{1}$$

式中,e_{ij}、Ω_{ij}——应变率张量和涡量张量;$\|E\|^2 = e_{ij}e_{ji}$;$\|\Omega\|^2 = \Omega_{ij}\Omega_{ji} = \frac{1}{2}|\omega|^2$。本文采用 Q 判据来识别流场中的三维涡结构。

图 4 为采用 DES 方法 $M=0.5$ 工况下,计算得到的壁面压力等值云图及带涡量 **ω**$_x$ 云图的 Q 等值面($Q=2\times10^4$)。由图 4 可知,类发卡涡是射流孔下游主要相干结构;射流在主流流场中类

似于一障碍物,在射流孔上游形成类似马蹄涡相干结构(A 涡),在射流孔下游形成为上端封闭,下端开口的类发卡涡(B 涡),该涡由涡头及两条涡腿组成,涡头为近似的展向涡,而涡腿则是由两条旋转方向相反的流向涡组成。

图 4　带涡量 ω_x 云图的 Q 等值面($Q=2\times10^4$)

Fig. 4　Q isosurface with vortex ω_x contours($Q=2\times10^4$)

由于涡腿的旋转效应,在涡腿的外侧出现了次生流向涡结构(C 涡),该涡旋转方向与 B 涡涡腿旋转方向相反,B 涡将部分能量传递给 C 涡,C 涡还会继续诱导其外侧流体,这也符合湍流场中大涡向小涡转换的能量串级原理,从图 4 中对 C 涡截面的静压云图可看出,C 涡涡核中心为低压区,该涡对壁面处能量的增加和质量的输运及耗散具有重要作用。类发卡涡随着流向的发展,涡头在高剪切作用下发生失稳,涡头被拉伸直至涡头破裂,此时类发卡涡发展成两条旋转方向相反的流向涡。

将脉动速度 u' 的时间序列通过离散傅里叶变换得到脉动速度的频谱图。图 5 为射流孔中心对称面上,高度 $Z/D=1D$,$X/D=1D$、$2D$、$4D$,3 个点处脉动速度 u' 的频谱图。

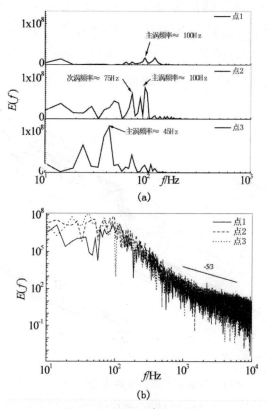

图 5　脉动速度 u' 的频谱图

Fig. 5　Spectrum of fluctuating velocity u$'$

由图 5a 可知,点 1、2 位置较近,主涡频率基本相同,主涡频率约为 100 Hz,通过公式:$f = Sr \cdot U_\infty / d$ 计算得到这频率对应的斯特劳哈尔数(Sr)为 0.24,点 3 主涡频率对应的 Sr 为 0.108,这个范围非常接近 Fric 所给出的范围(0.1～0.2)。

由图 5b 可知,脉动能量随着频率的增大而减小,频率 $f < 100$ 的区域是该湍流场内的主要含能区,这个区域对应大尺度的脉动,它们包含了绝大部分的脉动能量。脉动能量和频率的关系表现出近似 −5/3 的斜率,该斜率即为 Kolmogorov 给出的局部各向同性湍流中能谱的典型斜率,即 −5/3 律。

2.2　不同吹风比计算结果

图 6 为带速度云图的 Q 等值面。由图 6 可知,随着吹风比的

增加,射流孔下游旋涡尺度变大。当 $M=0.1$ 时,此时射流孔风速较小,射流孔下游旋涡的作用范围很小;当 $M=0.7$ 时,射流孔下游旋涡的作用范围很大。无论在哪个吹风比下射流孔下游的类发卡涡的结构都不太完整,湍流场中更多的是流向涡。

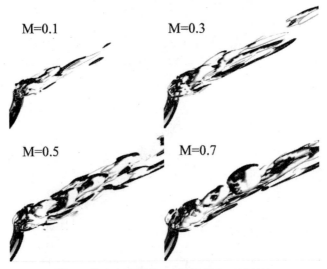

图 6 带速度云图的 Q 等值面($Q=3\times10^6$)

Fig. 6 Q isosurfacewith velocitycontours($Q=3\times10^6$)

图 7 为射流孔下游 3 个点处(3 个点坐标同上文)脉动速度 u' 的频谱图。由图 7 可知,在同一吹风比下 3 个点处主涡频率基本相同,且不同吹风比工况时 3 点处主涡频率也基本相同。通过频率计算出对应的斯特劳哈尔数在 Fric 给出的范围内。

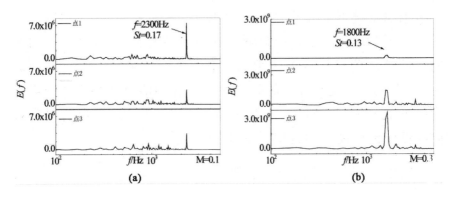

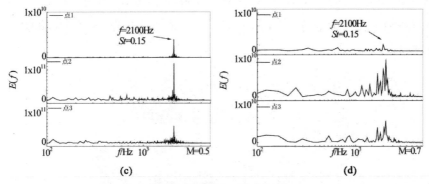

图 7　脉动速度 u' 的频谱图

Fig. 7　Spectrum of fluctuating velocity u'

图 8 为射流孔下游空间流线。由图 8 可知,吹风比越小,射流孔出口的流线越贴近壁面。随着吹风比的增加,射流的刚性逐渐增强,流线越不容易弯曲。

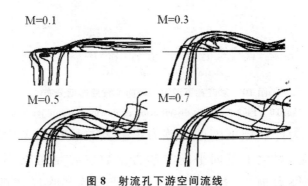

图 8　射流孔下游空间流线

Fig. 8　Space streamline at downstream of jet

图 9 为对称面上,射流孔下游静压云图。由图 9 可知,随着吹风比的增加,射流孔下游近低压区面积(图中虚框部分)增加,低压区的高度变大。吹风比对射流孔下游压力场的影响范围与吹风比成正比。

图 10 为中间截面处,射流孔下游 5 个位置处的速度分布。从速度分布可看出,射流孔下游边界层内流体动能的增加对应着边界层之外流体动能的减小,在流向涡的旋转作用下,将边界层外的高能流体注入到近壁区域,从而增加近壁区的流体能量,达到抑制边界层分离的目的。此外,近壁区流体动能的大小基本与

吹风比呈正比关系,即吹风比越大,近壁区流体动能越大,但在 $X/D=4$、6 两个位置处,$M=0.7$ 工况下,近壁区流体动能更大些。

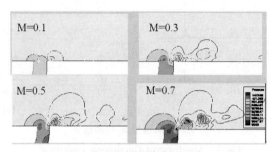

图 9 射流孔中心对称面上静压云图

Fig. 9 Static pressure distribution on Symmetry plane of jet hole

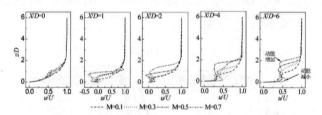

图 10 射流孔下游不同流向位置处速度分布

Fig. 10 Fig3 Velocity distribution at downstream of jet hole

图 11 为计算域下壁面摩擦力系数及总压损失系数随吹风比的变化情况,对比下壁面平均摩擦力系数主要是考察不同吹风比时,壁面摩擦力损失情况。由图 11 可知,随着吹风比的增加,下壁面摩擦力损失逐渐减小,这与流体抬离壁面有关。随着吹风比的增加,压差损失逐渐增加,这表明增加吹风比会对流场的扰动增加,从而造成更多的压差损失,所以并不是吹风比越大流动控制效果越好,应根据流场分离情况适当设定吹风比,达到流场的总压差最小。

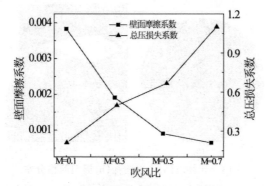

图 11　壁面摩擦系数及总压损失系数

Fig. 11　Average friction coefficient and total pressure loss coefficient

3　典型风力机翼型 VGJs 数值模拟

3.1　几何模型及数值方法

上文在平板上研究了 VGJs 流动规律,为了验证 VGJs 抑制流动分离提高风力机翼型气动力的效果,采用典型风力机翼型 DU97-W-300 为研究对象,对有无 VGJs 控制下的翼型进行数值模拟,考察 VGJs 流动控制效果。图 12 为翼型几何及 VGJs 几何,翼型弦长 $c=0.6$ m,翼型宽度为 $10D$,射流孔尺寸采用上文几何尺寸,射流孔布置在距前缘 $0.6c$ 处。

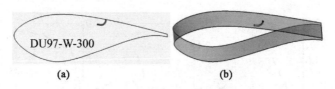

图 12　DU97-W-300 翼型(a)及射流孔几何(b)

Fig. 12　The airfoil of DU97-W-300 and the model of jet hole

计算域及网格如图 13 所示,计算域采用圆形计算域,计算域半径 $r=20c$,采用速度进口、压力出口边界条件。网格采用 ICEM 软件进行全域结构网格划分,第一层网格高度 0.01 mm,翼型一周、展向、径向网格节点分别为:$380\times60\times120$,网格总数约 200 万。

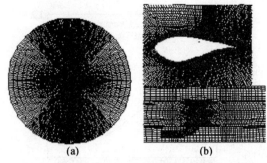

图 13　计算域(a)及射流孔(b)周围网格分布

Fig. 13　Computational domain and mesh distribution around the jet hole

　　求解器采用商用软件 Fluent 进行数值计算,RANS 方法求解,湍流模型采用 SA 模型,压力-速度耦合基于 SIMPLE 算法,控制方程的各项均采用二阶迎风格式。

3.2　模拟结果

　　对有无 VGJs 控制下的翼型进行数值模拟,基于翼型弦长的来流雷诺数 $Re = 3 \times 10^6$,这里规定吹风比 M 为射流孔进口速度与来流速度之比,吹风比 $M = 0.5$,从 $5° \sim 25°$ 计算攻角。数值方法验证部分参照文献[14]。图 14 为有无 VGJs 控制时翼型升阻力系数曲线。由图 14 可看出:在较大攻角($>10°$)时,有 VGJs 控制翼型升力系数明显提高,阻力有所增加,但升阻比得到明显提高;在小攻角($<10°$)范围内,有 VGJs 控制翼型升力系数略有降低。

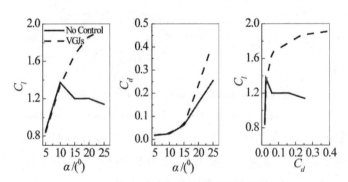

图 14　DU97-W-300 翼型升阻力系数

Fig. 14　Airfoil lift drag coefficient of DU97-W-300

　　图 15 为翼型展向中间截面处 C_p 曲线分布。由图 6 可知,在

5°、10°攻角时,有无 VGJs 控制翼型表面 C_p 分布基本吻合,但在
15°～25°攻角时,有 VGJs 控制翼型表面压差明显大于无控制时
压差,提高了翼型气动力。

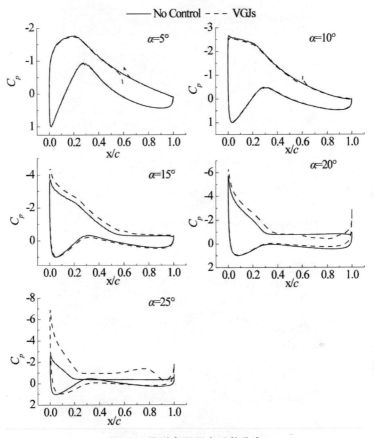

图 15　翼型表面压力系数分布

Fig. 15　Distribution of pressure coefficient at airfoil surface

　　图 16 为翼型展向中间截面流线分布,图左侧为无 VGJs 控
制,右侧为无 VGJs 控制。由图 17 可知,在 5°、10°攻角时,翼型表
面有无 VGJs 控制时流线的变化很小,15°～25°攻角时,无 VGJs
控制翼型在翼型吸力面发生了较大流动分离,有 VGJs 控制时翼
型吸力面流动分离减小,这也更直观地观察出 VGJs 抑制翼型流
动分离的效果。

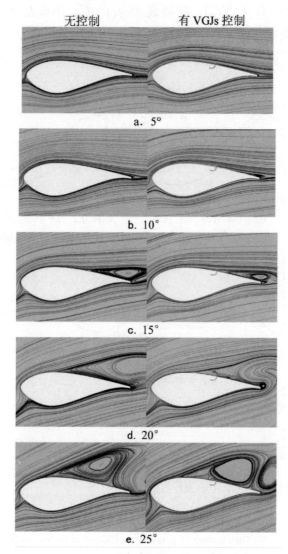

图 16　翼型展向中间截面流线分布

Fig. 16　Distribution of flow line at the middle section of airfoil spanwise

4　结　论

本文通过对射流式涡发生器流进行数值模拟,得出以下主要结论:

(1)分别利用 SA、RSM 及 DES 模型对涡旋射流进行数值计算,结果表明 3 种方法均能在一定程度上模拟出射流孔下游流动趋势,而 DES 方法在计算精度上更加优于另外两种方法。

(2)通过对涡旋射流下游湍流相干结构研究表明,类发卡涡及次生流向涡是涡旋射流场中主要相干结构,次生涡结构对近壁区域能量的增加和质量的输运及耗散具有重要作用。

(3)对比不同吹风比时涡旋射流孔下游流场信息发现,吹风比越大,射流孔下游旋涡尺度越大,流体扰动范围越大,且壁面摩擦力损失越小,但流场的总压差损失会逐渐增大,了解吹风比的变化规律对应用于主动流动控制提供一定依据。

(4)当风力机翼型攻角较大存在明显流动分离时,VGJs 可在一定程度上抑制流动分离,提高翼型升阻比。

参考文献

[1]Lin J C. Review of research on low-profile vortex generators to control boundary-layer separation[J]. Progress in Aerospace Sciences,2002,38(4):389—420.

[2]Johansen J,Soerensen N N,Zahle F,et al. Aerodynamic Accessories. Denmark:Risoe National Laboratory[R]. 2004,Risoe-R-1482.

[3]Johansen J,Soerensen N N,Peck M,et al. Rotor Blade Computations with 3D Vortex Generators. Denmark:Risoe National Laboratory[R]. 2005,Risoe-R-1486.

[4]Sondergaard R,Bons J P,Rivir R B. Control of low-pressure turbine separation using vortex generatorjets[J]. Journal of Propulsion and Power,2002,18(4):889—895.

[5]Chaudhari M,Puranik B,Agrawal A. Heat transfer characteristics of synthetic jetimpingement cooling[J]. International Journal of Heat and Mass Transfer. 2010,53(5):1057—1069.

[6]Gross A，Fasel H F. Numerical investigation of low-pressure turbine blade separation control[J]. AIAA，2005，43(12)：2514—2525.

[7]Gross A，Fasel H F. Simulation of active flow control for a low pressure turbine blade cascade[A]. 43rd AIAA Aerospace Sciences Meeting and Exhibit[C]，Reston，2005.

[8]Rizzetta Donald P，Visbal Miguel R. Numerical study of active flow control for a transitional highly-loaded low-pressure turbine[J]. Journal of Fluids Engineering，2006，125(5)：956—967.

[9]Sondergaard R，Rivir RB，Bons J P. Control of low-pressure turbine separation using vortex generator jets[J]. Journal of Propulsion & Power，2002，18(4)：889—895.

[10]Bons J P，Sondergaard R，Rivir R B. Turbine separation control using pulsed vortex generator jets[J]. ASME Journal of Turbomachinery，2001，123(2)：198—206.

[11] 金琰，袁新. 风力机翼型颤振及射流减振技术的气动弹性研究[J]. 太阳能学报，2002，23(4)：403—407.

[11] Jin Yan，Yuan Xin. Aeroelastic Analysis on an airfoil's flutter and flutter control technique of blowing[J]. Acta Energiae Solaris Sinica，2002，23(4)：403—407.

[12] 梁俊宇. 涡轮叶片气膜冷却孔绕流的实验与数值模拟研究[D]. 北京：华北电力大学，2012.

[12] Liang Junyu. Experimental and numerical investigation of flowaround film cooling hole of turbine blade[D]. Beijing：North China Electric Power University，2012.

[13] Jeong J，Hussain F. On the definition of a vortex[J]. Journal of Fluid Mechanics，1995，285：69—94.

[14] 李新凯，康顺，戴丽萍，等. 涡发生器结构对翼型绕流场的影响[J]. 工程热物理学报，2015，35(2)：326—329.

[14] Li Xinkai, Kang Shun, Dai Liping, et al. Effects on airfoil flow field by structure of vortex generators[J]. Journal of Engineering Thermophysics, 2015, 35(2): 326−329.

涡发生器控制平板边界层
分离的大涡模拟

胡昊[1,2]，李新凯[1]，戴丽萍[1]，王晓东[1]，康顺[1,3]

(1. 华北电力大学电站设备状态监测与控制教育部重点实验室，北京 102206；

2. 华北水利水电大学电力学院，郑州　450045；

3. 西安现代控制技术研究所，西安 710065)

摘要：为了研究涡发生器（VGs）间距 λ 对控制边界层分离效果的影响，选取了 4 种涡发生器间距，λ/H（H 为涡发生器高度）分别为 5、7、9、11。采用大涡模拟（LES）方法对带逆压梯度的平板边界层分离流动及 VGs 控制分离流动进行了数值模拟。分析了有无 VGs 控制时，湍流场中大尺度相干结构及其演化规律，分别从旋涡间距、边界层内流体动能、压差损失等方面考察了 VGs 间距对控制流动分离效果的影响。研究结果表明当 $\lambda/H=5$ 时，VGs 间距过小抑制了旋涡的展向发展，$\lambda/H=9$、11 时，VGs 间距过大边界层内流体动能偏低，当间距 $\lambda/H=7$ 时流动控制效果更优，此时计算域压差损失最小，相比较无 VGs 控制时，压差损失降低了 30.95%。

关键词：涡发生器；边界层分离；大涡模拟；流动控制；相干结构

中图分类号：V232；TK83 文献标识码：A

Vortex Generators Control Flat Boundary Layer
Separation of Large Eddy Simulation

HU Hao[1,2]，LI Xin-kai[1]，DAI Li-ping[1]，WANG Xiao-dong[1]，
KANG Shun[1,3]

(1. North China Electric Power University,

Key Laboratory of CMCPPE Ministry of Education,Beijing 102206, China;

2. North China University of Water Resources and Electric Power, ElectricityInstitute,Zhengzhou,450045,China;

3. Xi'an Modern Control Technology Research Institute,Xi'an 710065,China)

Abstract：In order to study the effect of spacing λ of vortex generators(VGs) influence on the control boundary layer separation, 4 kinds of vortex generators spacing were selected, and the spacing respectively were 5, 7, 9, 11. The boundary layer separation flow of adverse pressure gradient and VGs control flow separation were simulated by large eddy simulation (LES) method. The evolution of the large scale coherent structure in turbulent flow field were analyzed with and without VGs control, and the influence of VGs spacing on the flow separation control effect were investigated from vortex spacing, fluid kinetic energy in the boundary layer, loss of pressure difference, etc. The research results showed that when the spacing is 5, the spacing of VGs was too small, so that the spanwise development of vortex were suppressed, when the spacing is 9, 11, the spacing of VGs was too large lead to the fluid kinetic energy in the boundary layer was too low, when the spacing of VGs is 7, the effect of flow control is better, then the pressure loss of calculation domain is minimum, compared with no VGs control, pressure loss is reduced by 30.95%.

Key words：vortex generators；boundary layer separation；LES；flow control；coherent structure

大型水平轴风力机叶片在运行过程中,叶片根部往往会发生较大尺度的流动分离。叶片发生流动分离后会影响风轮对风能的捕获功率[1-3]。涡发生器(VGs)是抑制流动分离的有效手段,其主要工作原理是流体流过VGs时会产生强度较强的集中涡,通过集中涡旋转,将边界层外的高能流体卷入边界层底层,为边界层内的低能流体注入能量,从而达到推迟或抑制边界层分离的目的[4-7]。VGs是按一定规则布置于叶片表面的若干个小翼的组合,两个小翼产生的集中涡向下游运动过程中会相互干涉影响,从而影响VGs流动控制效果,所以研究VGs之间的间距对抑制流动分离的影响规律非常有必要。叶片绕流中,由于受叶片曲率、旋转效应等因素影响,叶片表面流动情况非常复杂,如果直接在叶片上研究VGs间距对流动控制效果的影响,不容易总结普遍规律。再者如果直接在叶片中进行大涡模拟,计算量巨大。所以根据文献[8]的方法设计了带一定逆压梯度平板边界层分离流动,用来产生与叶片吸力面类似的分离流动。

在涡发生器研究方面,Lin[9]通过实验手段在平板上研究了VGs抑制边界层流动分离的效果,分析了VGs抑制流动分离的机理。G. Godard[10-12]在2006年的三份报告中采用试验方法研究了带逆压梯度的平板上三角形VGs排列方式对控制边界层分离的效果。2004-2005年Jeppe Johansen, Niels N. Soerensen,等人[13-14]在两份关于气动附件的报告中,采用数值计算的方法研究了三角形VGs对风力机翼型及叶片气动性能的影响,发现VGs在一定攻角范围内可以有效抑制流动分离。西北工业大学刘刚等人[15]通过数值模拟的方法,探究了VGs排列方式和几何尺寸对翼型流动分离的影响,进而得出了对超临界机翼气动性能的影响规律。在流动控制研究方面,空军工程大学张海灯等人[16]研究了等离子体的布局对高负荷压气机叶栅流动控制的影响规律,给出了等离子体最佳流向布置位置。西安交通大学张荻等人[17]通过实验及大涡模拟方法在带有一定逆压梯度的平板上,研究了边界层分离泡涡结构及涡旋射流的涡结构。Nagabhushana Rao[18]通过大涡模拟方法,研究了由逆压梯度引起的边界层分离泡的产生及发展过程,并展示了旋涡的发展过程。南京航空航天大学高翔等人[19]研究了叶尖射流流动控制对风力机叶梢涡的影响规律,其研究的射流流动控制可以较好改善风力机下游流场,提高风力机效率。

选择了四种VGs间距,采用大涡模拟(LES)方法,对有、无

VGs 平板边界层流动进行了模拟,对比了四种 VGs 间距抑制边界层分离的效果。结合三维旋涡结构,分析了湍流场中大尺度相干结构的演化规律。

1　几何模型及数值方法

1.1　几何模型

图 1 为带逆压梯度平板计算域,VGs 放置于计算域下壁面距进口 9H 处,展向布置 6 个小翼,VGs 排列方式、几何形状、尺寸如图 1 所示。

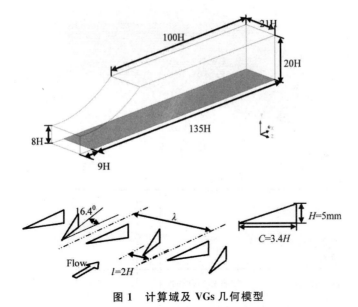

图 1　计算域及 VGs 几何模型

Fig. 1　Computational domain and VGs geometric models

1.2　数值方法

采用 ICEM 软件进行网格划分,全域采用结构网格,计算域流向、展向、高度方向分别对应的网格节点数为 $220 \times 120 \times 100$,网格总数约 260 万,第一层网格高度 0.001mm,壁面最大 $Y^+ < 1$,满足计算要求。对 VGs 周围进行网格加密,小翼长度方向布置 50 个

网格节点，高度方向布置 40 个网格节点，小翼实际厚度为 0.2mm，其厚度很小，计算时将小翼设置为 0 厚度面，一是该厚度对小翼产生的旋涡影响很小可以忽略，二是可以通过改变小翼所在边界条件（固壁或内部面）从而在同一套网格下，对比有无 VGs 控制时控制流动分离的效果。网格分布见图 2(a)。计算域采用速度进口，压力出口边界条件，速度进口按 1/7 次幂给定来流速度型，边界层厚度为 VGs 高度。其余边界条件设置如图 2(b) 所示。

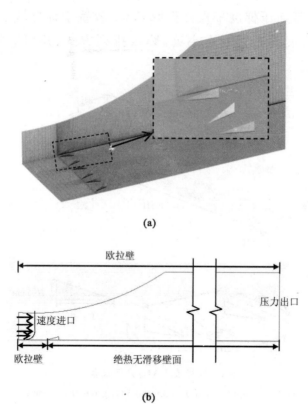

(a)

(b)

图 2　网格分布及边界条件设置

Fig. 2　Mesh distribution and boundary conditions

采用大涡模拟(LES)方法进行数值求解，该方法对湍流大尺度涡采用直接求解，小尺度涡采用亚格子模型过滤。本文采用的亚格子应力模型为 Smagorinsky-Lily 模型，其表达式为

$$\tau_{ij} - \frac{1}{3}\delta_{ij}\tau_{kk} = -\mu_t \overline{S}_{ij} \tag{1}$$

τ_{ij} 为亚格子应力；δ_{ij} 为 Kronecker 的 δ 函数；μ_t 为亚格子湍流黏性系数；$\overline{S}_{ij}$ 为亚格子尺度的应变率张量,有关参数表达式如下

$$\mu_t = \rho L_s^2 |\overline{S}| \tag{2}$$

$$L_s = min(\kappa d, C_s \Delta) \tag{3}$$

$$|\overline{S}| \equiv \sqrt{2\,\overline{S}_{ij}\overline{S}_{ij}} \tag{4}$$

$$\overline{S}_{ij} = \frac{1}{2}\left(\frac{\partial \overline{u}_i}{\partial x_j} + \frac{\partial \overline{u}_j}{\partial x_i}\right) \tag{5}$$

式中 κ 为冯卡门常数,d 为距壁面最近距离,Δ 为网格尺寸,Cs 为涡粘系数。本文采用动态剪切方法来确定 Cs,其更适合剪切流动的计算。求解基于 Fluent 软件,采用有限体积法对控制方程进行离散,空间离散采用有限中心差分格式,压力-速度耦合基于 SIMPLE 算法,时间步长 $\Delta t = 3 \times 10^{-5}$ s。流场达到统计稳定状态后进行时均统计,以流体扫过平板下壁面为一个周期,对流场稳定后的 6 个周期进行时均统计。

1.3　计算方案

VGs 产生的集中涡向下游运行过程中,其涡核运动轨迹在展向上会向小翼与来流夹角方向偏斜,两个集中涡在间距 λ 侧相互作用较大,所以固定 l 的间距不变,通过改变间距 λ 的大小,研究展向间距 λ 对 VGs 抑制流动分离效果的影响。VGs 安装在风力机叶片根部,虽然风力机来流风速较低,但雷诺数较高,风力机典型来流风速时,基于 VGs 高度的雷诺数大致为 3×10^4 这个量级,为保证流体力学中的动力相似,本文所取基于 VGs 高度的雷诺数为 3×10^4,再通过 VGs 高度 0.005m,得到来流风速 82m/s。计算方案见表 1。

表 1 计算方案

Table. 1 The scheme of computation

	λ/H	来流速度/m/s	R_e	$\Delta t/s$
方案	5	82	3×10^4	3×10^{-5}
	7			
	9			
	11			

2 结果分析

2.1 数值方法验证

为验证数值方法的可靠性,对具有试验数据的逆压梯度平板边界层流动进行了数值模拟,计算域尺寸见图 3(a),详细几何尺寸及试验结果见文献[20-22]。采用 ICEM 进行全域结构网格划分,网格节点分布与上文节点分布相同,网格总数约 260 万,网格见图 3(b),数值方法采用 LES 方法,设置方法与上文相同,来流速度 15m/s。图 3(c)为计算域下壁面压力系数沿流向分布,其中 LES 为本文数值计算结果,EXP 为试验结果。从图中可以看出在计算域大部分位置,计算得到压力系数分布与试验值吻合较好。

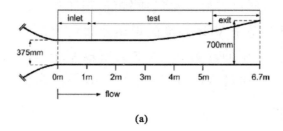

(a)

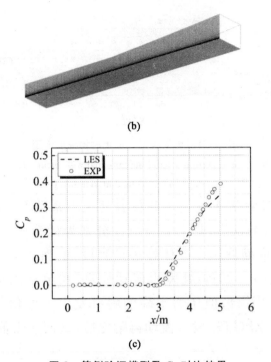

(b)

(c)

图 3　算例验证模型及 C_p 对比结果

Fig. 3　The model of numerical example and compared of C_p

2.2　无 VGs 平板边界层分离流动

图 4 为无 VGs 时计算域展向对称面上时均速度 u 云图，从图中可以看出在 $0-35$H 处通道扩张属于逆压梯度段（APG），流体流速不断降低。在逆压梯度与壁面黏性的作用下，流体在下壁面发生流动分离，出现低速区，流动分离位置 $x_1 \approx 20$H，在计算域的上壁面采用的是欧拉边界条件所以上壁面未发生流动分离。在 $35-135$H 段为零逆压梯度段（ZPG），流动在该段发生流动再附，再附位置 $x_2 \approx 60$H 处。

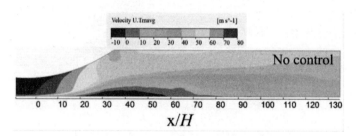

图 4　计算域展向对称面上时均速度云图

Fig. 4　The computational domain spanwise mean velocity contours on the plane of symmetry

图 5 为计算域下壁面中间位置处压力系数 Cp 沿流向分布，$C_p = 2(p - p_\infty)/\rho U_\infty^2$，其中 p_∞ 和 U_∞ 分别为计算域进口静压和速度值，p 为下壁面静压。流体经过扩张段，壁面压力迅速增加，从图 4 可知，在（x≈20H）处发生流动分离，在出现流动分离之后，虽未出现压力平台，但压力下降的斜率发生了变化，压力下降的斜率变小，在 ZPG 段，发生流动再附之后，壁面压力值变化较小。

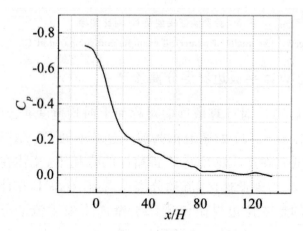

图 5　计算域下壁面 C_p 分布

Fig. 5　Distribution of C_p on the down wall of computational domain

虽然在一些简单流动中，人们可以凭直觉和图像确定涡的存在，在三维黏性流动中，特别是复杂流动中，从实验或直接数值模拟的大量数据中显示出涡结构、涡演化和相互作用是十分必要的，为此需要给出一个客观分辩涡旋的判据[23]。Hung[24]等人（1988）提出把 Q>0 的区域定义成涡，即 $\|\Omega\|^2 > \|E\|^2$，其物理意

义即为在涡旋的区域内流体的旋转（涡量大小）比较应变率大小而言起主导作用。具体公式如下

$$Q = \frac{1}{2}(|\Omega|^2 - |E|^2) \qquad (6)$$

式中$\|E\|^2 = e_{ij}e_{ji}$，$\|\Omega\|^2 = \Omega_{ij}\Omega_{ji} = \frac{1}{2}|\omega|^2$，$e_{ij}$，$\Omega_{ij}$分别是应变率张量和涡量张量。本文采用 Q 判据来识别流场中的三维涡结构。

图 6 为流场中带速度 u 云图的 Q 等值面（Q＝$1×10^5$）。从图 6 中可以看出无 VGs 控制时，湍流场中存在着大量无序的旋涡结构，但也可以从中分辨出较典型的湍流相干结构。在流动的初始阶段，在壁面黏性及速度剪切作用下，在近壁区卷起二维展向涡（展向即为平板的宽度方向，如图 6 中 A 涡），二维展向涡在自身旋转作用下产生向上卷起趋势，向下游运动过程中涡核半径逐渐增大。同时受三维流场的扰动，二维展向涡发生展向波动，出现扭曲并沿法向向上突起，突起部分受到展向涡自身旋转的诱导作用加剧了突起高度（如图 6 中 B 涡）。在剪切流的作用下，二维展向涡继续拉伸抬起，逐渐发展成为上端封闭，下端开口的发卡涡（如图 6 中 C 涡），继续向后运动发卡涡的涡头变大，涡腿伸长，在发卡涡的涡头部分形成了局部的高剪切层，剪切层失稳后涡头破碎，并且在主流流体的作用下，涡管被拉伸成近似的流向涡（如图 6 中 D 涡）。这也说明在湍流中，统计意义上占优势的是涡管的平均长度普遍被伸长，涡管长度被拉伸的结果会逐次地产生更小尺度的运动，能量从大涡到小涡到更小的涡直至黏性耗散成热的输运过程称为能量的级串（cascade）原理。

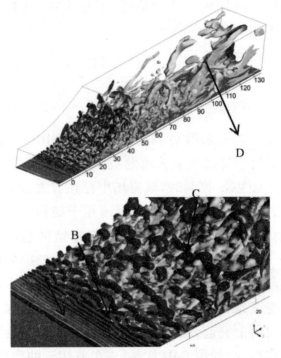

图 6　带速度 u 云图的 Q 瞬时等值面$(Q=1\times10^5)$

Fig. 6　Isosurface of $Q(Q=1\times10^5)$ with velocity contours

2.3　有 VGs 控制平板流动

图 7 为计算域中间对称面上,时均速度云图。从图中可以看出带 VGs 平板边界层流动中,VGs 抑制了流动分离,4 种情况下边界层均未发生流动分离。当 VGs 间距 $\lambda/H=9$ 时,在 $x\approx30H$ 处出现了较小范围的低速区,当 VGs 间距 $\lambda/H=11$ 时,该位置处低速区范围扩大,表明当 $\lambda/H=11$ 时由于 VGs 展向间距过大,导致集中涡在该位置处作用能力变弱,在逆压梯度下该处流体动能已经很低。而其余两个较小的安装间距未出现低速区。

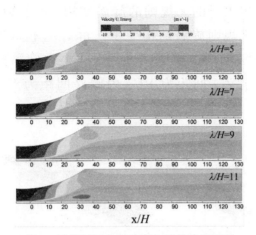

图 7　计算域展向对称面上时均速度云图

Fig. 7　The computational domain spanwise mean velocity contours
on the plane of symmetry

图 8 为计算域下壁面中间位置处压力系数 C_p 沿流向分布。从图中可以看出无 VGs 控制时,壁面压力系数在 x≈20H 处出现拐点,压力系数变化的斜率降低,VGs 控制下的平板边界层流动中,在计算域 APG 段,下壁面压力迅速增加,由于未发生流动分离,压力变化的斜率在 APG 段未发生变化,压力在 ZPG 段大部分位置压力基本为 0。不同 VGs 间距的区别主要体现在压力转折位置,VGs 间距越大,壁面压力下降的斜率越小,流动控制效果越差。

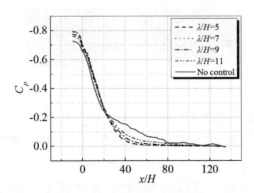

图 8　计算域下壁面 C_p 分布

Fig. 8　Distribution of C_p on the down wall of computational domain

图 9 为有 VGs 控制时带速度 u 云图的 Q 等值面($Q=1\times 10^5$)。首先将图 9(a)与图 6 进行对比可以发现,无 VGs 控制时

计算域下游产生大量的无规则的旋涡结构,而有 VGs 控制时,计算域下游大量无规则旋涡结构变少。再对比不同间距时计算域下游旋涡结构发现,随着间距增加,虚线框内旋涡抬离壁面高度更高。在这里定义 λ 间距为 VGs 内侧,l 间距为 VGs 外侧,如图

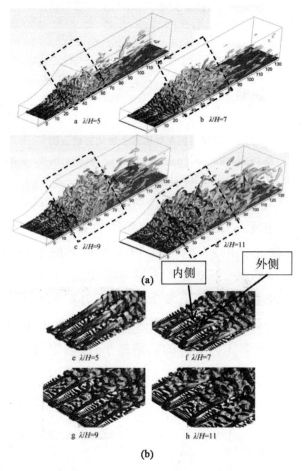

(a)

(b)

图 9　带速度 u 云图的 Q 瞬时等值面($Q=1\times10^5$)

Fig. 9　Isosurface of Q ($Q=1\times10^5$) with velocity contours

9(b)所示。从图 9(b)可以看出,流场中有 VGs 的存在,阻碍了边界层中展向涡的发展及运动,两个小翼之间生成的集中涡旋转方向相反,小翼外侧的受到集中涡向下的力,从而小翼外侧展向涡受到"抑制",而小翼内侧受到集中涡向上的力,在两个集中涡的作用下内侧的展向涡被"扬起",形成类发卡涡,而集中涡在向下

游发展过程中逐渐与类发卡涡涡腿融合。集中涡与类发卡涡的涡腿对近壁区流体动能的交换及能量耗散起到重要作用。当 $\lambda/H=5$ 时，两个小翼生成的集中涡距离非常近，以至于小翼内侧的展向涡未被"扬起"，而是在下游某位置处两个集中涡在逆压梯度的作用下融合到一起，形成类发卡涡。$\lambda/H=7$ 时，小翼外侧的展向涡受到"抑制"，而内侧展向涡被"扬起"形成规则的类发卡涡向下游运动。$\lambda/H=9$、$\lambda/H=11$ 时，由于两个小翼间距大，小翼内侧未生成规则的类发卡涡，这种杂乱无序的湍流结构不利于近壁区的能量交换，容易产生流动分离。

　　图 10 为 VGs 下游 5 个截面位置处，一对 VGs 的涡量等值线。从图中可以看出随着 VGs 间距变大，两个涡核中心间距逐渐增加，在 $x/H=15$ 位置下游，间距 $\lambda/H=9$、11 时，旋涡形状已

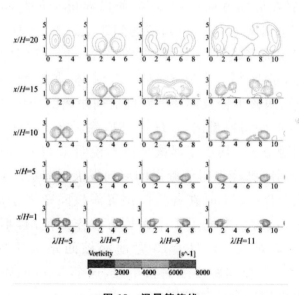

图 10　涡量等值线

Fig. 10　Vorticity contours

不太规则没有明显的涡核中心，涡核包围的面积变大，这是因为两个旋涡之间的间距大，旋涡在内测不受抑制更容易扩散导致。而 $\lambda/H=5$、7 时，两个涡核间距较近，互相诱导，集中涡形状保持较好。$\lambda/H=5$ 时涡核中心距离壁面高度最高，这是由于集中涡

在小翼内侧向上旋转,两个集中涡互相受到向上的力,涡核间距足够小时,该向上的旋转力使旋涡抬离壁面。其余三种间距涡核中心高度相差不多。对于 VGs 抑制流动分离,在同样旋涡强度情况下,旋涡越贴近壁面运动,对近壁区的能量交换作用越强,越有利于流动控制,从这点判断的话 $\lambda/H=5$ 时该间距有些小,不利于进行流动控制。

图 11(a) 为 $\lambda/H=7$、$x/H=20$ 涡核中心高度处,旋涡涡量值随展向距离的变化关系。以这两个旋涡为例,从图中可以看出两个波峰为涡核中心位置,波谷为两个旋涡中间位置,图中 r 表示涡核半径,Δx 表示两个涡核中心间距。涡核半径代表着旋涡展向作用范围,对于 VGs 抑制流动分离,理论上来讲当涡核半径 r 与涡核间距 $\Delta x/2$ 相等时为最佳间距,但旋涡涡核半径沿流向会增加,且旋涡在展向方向略有偏移,所以涡核半径与涡核间距在流向上不可能处处相等。当涡核的间距 $\Delta x/2 < r$ 时,说明 VGs 的间距已经阻碍了旋涡的发展,当 $\Delta x/2 > r$ 时,该间距使旋涡存在作用不到的区域,导致边界层内流体动能增加值变小。图 11(b) 表示涡核半径及涡核间距随流向距离的变化关系。对比这四种 VGs 间距可以看出,$\lambda/H=5$ 时,除了在 $x/H=1$ 处,其余位置涡核间距 $\Delta x/2$ 均小于涡核半径 r,说明 $\lambda/H=5$ 时在大部分流向位置该间距已经阻碍了旋涡的展向发展,该间距太小不利于流动控制;$\lambda/H=9$、11 时在各流向位置涡核间距大于涡核半径,这两种间距均较大,降低了单个涡核有效作用范围,不利于流动控制;$\lambda/H=7$ 时,在 $x/H=10$ 之前涡核间距大于涡核半径,$x/H=10$ 之后涡核间距小于涡核半径,这个 VGs 间距相比较其余三种间距更加适合流动控制。

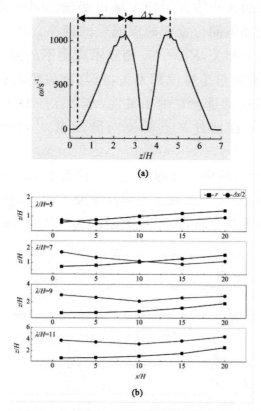

图 11　涡核半径、涡核间距随流向变化关系

Fig. 11　Relation between the vortex core radius, the vortex core

spacing along the flow direction

　　二阶空间相关是研究湍流的一种常用的统计方法,空间两点相关能够反应出湍流场内一个或多个脉动量间在空间上的关系,相应组织或结构等。通过这种方法可以分析 VGs 下游涡结构相关性特性,相关特性的具体物理意义及含义参见文献[25]。相关函数定义如下：

$$R_{ij}(r,x) \equiv \langle u_i'(x,t)u_j'(x+r,t)\rangle \tag{7}$$

　　式中 u_i,u_j 为脉动速度的分量,当 $i=j$ 时,上式表示某脉动量自相关,$i \neq j$ 时,表示两个脉动量互相关,x 和 r 均为矢量。

　　将上式转化为无量纲的相关系数如下：

$$R_{ij}' = \frac{\langle u_i'(x,t)u_j'(x+r,t)\rangle}{\sqrt{\langle u_i^2(x,t)u_j^2(x+r,t)\rangle}} \tag{8}$$

　　相关系数的大小表征了两个随机变量之间的统计相似程度或脉动量在流场不同位置处的取同号的概率。$R'_{ij} = \pm 1$ 表示两个随机变量完全相关，$R'_{ij} = \pm 0$ 则表示完全不相关。对于均匀湍流而言，相关系数与坐标位置无关，仅与相关距离有关。为考察 VGs 下游湍流脉动量存在的相关性，本文在一对 VGs 中心对称面上，选取不同高度处某点沿流向脉动量 v' 的相关特性进行对比。

　　图 12 为计算域中心对称面上不同位置处脉动速度 v' 的自相关系数曲线 $R'_{v'v'}(r_1)$，选取了不同高度及不同流向位置处的 5 个参考点进行相干性分析，最小相关距离为 0.5mm，最大相关距离

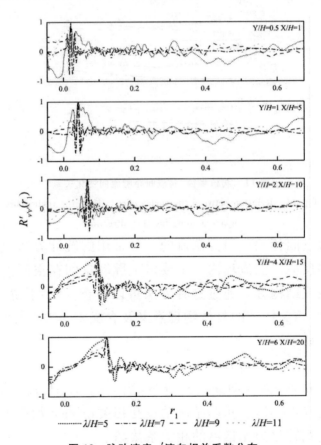

图 12　脉动速度 v' 流向相关系数分布

Fig. 12　The correlation coefficient distribution of fluctuating velocity v'

675mm，VGs 放置于 0 位置处。从图中可以看出，相干系数在参考点处为 1，说明参考点与其自身自相关，且在参考点附近的相关系数幅值较大，相关系数幅值越大说明脉动量与参考点存在着较高的相关性。对比以下四种情况，$\lambda/H=5$ 时相关系数的幅值在大部分位置最大，说明该间距时下游空间中的湍流结构保持着较高的组织性，$\lambda/H=9$、11 时在大部分位置处相关系数的幅值也较大，而在大多数位置处 $\lambda/H=7$ 的相关系数更接近于 $R'_{v'v'}(r_1)=0$，该间距时 VGs 下游湍流旋涡与参考的相关性较差，这从湍流的统计规律上说明 VGs 的间距 $\lambda/H=7$ 时更加适合抑制流动分离。相关系数曲线与 $R'_{v'v'}(r_1)=0$ 两交点间的宽度反映了下游湍流场中相干结构的尺度大小，从图中可以看出随着流动向下游发展，旋涡的尺度逐渐增大。

图 13 为 VGs 下游不同流向位置处展向平均速度型分布，$<u>/U_\infty$ 为时均速度与主流速度之比，y/H 为壁面法向高度与 VGs 高度之比。从图中可以看出 VGs 控制边界层分离流动中，边界层底层流体动能的增加对应着边界层上层流体动能的减小，以涡核中心为对称点呈 S 型速度分布，这也是 VGs 控制流动分离的主要工作原理，即通过集中涡的旋转运动，将边界层外的高能流体带入边界层底层，从而抑制边界层分离。对比四种间距时 VGs 下游速度型可以看出，边界层内流体动能基本上随间距的减小而增大，但在 $x/H=15$ 位置下游，由于 $\lambda/H=5$ 时涡核中心距壁面较高，所以边界层内高能流体距壁面高度也较高，而 $\lambda/H=7$ 时边界层底层流体动能最大。对于抑制边界层流动分离，边界层底层流体动能越大对于抑制流动分离越有利。

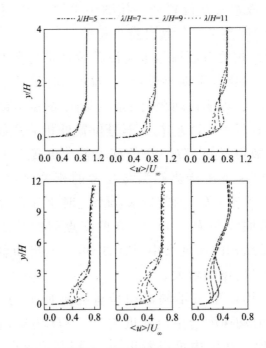

图 13　展向平均速度分布

Fig. 13　The spanwise mean velocity distribution

图 14 为计算域进出口压差损失系数 $C_{\Delta P}$ 与 VGs 间距之间的关系。图中 Clean 表示无 VGs 控制时计算域进出口压差损失系数，图中数值表示有 VGs 时压差损失系数相比无 VGs 时压差损

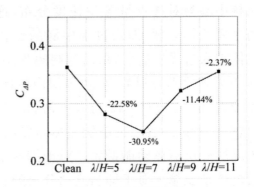

图 14　压差损失系数

Fig. 14　Loss coefficient of pressure differential

失系数减小百分比。从图中可以看出带 VGs 计算域进出口压差损失均有所减小，其中 VGs 间距 $\lambda/H=7$ 时压差损失最小，压差损失最大降低了 30.95％，而 $\lambda/H=11$ 时压差损失最大，但压差损失较无 VGs 时也降低了 2.37％，从而可以看出 VGs 间距 $\lambda/H=7$ 时

更加适合流动控制。

3　结论

采用 LES 方法对存在逆压梯度环境下平板边界层分离流动及 VGs 控制下的边界层流动进行了大涡模拟。分析了由逆压梯度引起的边界层分离湍流场中大尺度相干结构及其演化过程,并通过涡核间距、边界层内流体动能,压差损失等,对比了不同 VGs 间距抑制边界层分离的效果。得到如下结论:

1)从涡核间距与涡核半径之间的关系来看,当 VGs 间距 $\lambda/H=5$ 时,在大部流向位置涡核间距 $\Delta x/2$ 都小于涡核半径 r,该间距抑制了旋涡的展向发展,而 $\lambda/H=9$、11 时,涡核间距 $\Delta x/2$ 总是大于涡核半径 r,该间距使涡核存在未作用区域,当 $\lambda/H=7$ 时,在 $x/H=10$ 处涡核间距 $\Delta x/2$ 与涡核半径 r 大致相等,所以 VGs 间距 $\lambda/H=7$ 时比其余三种间距更加适合流动控制;

2)边界层内流体动能的增加值基本与 VGs 间距成反比,但 $\lambda/H=5$ 时涡核间距偏小使旋涡抬离壁面最高,导致在 $x/H=10$ 下游处边界层内高能流体距壁面较高,而在近壁区 $\lambda/H=7$ 时流体动能最大,在 $x/H=35$ 截面处尤为明显;

3)VGs 间距 $\lambda/H=7$ 时计算域进出口压差损失最小,较无 VGs 控制计算域压差损失降低了 30.95%。叶片分离流动中,压差损失是最主要的损失来源。VGs 间距的优化实质是旋涡尺度与旋涡涡核间距的优化,旋涡尺度及涡核间距与 VGs 几何及布置间距有关而与流动情况关系不大,所以本文得出的 VGs 间距的规律同样适用于叶片边界层分离流动控制当中。

参考文献

[1]范忠瑶.风力机定常与非定常气动问题的数值模拟研究[D].北京:华北电力大学,2011.

Fan Zhongyao. Numerical Simulations of Steady and Unsteady Aerodynamics of Wind Turbines. [D]. Beijing：North China Electric Power University，2011. (in Chinese)

[2]范忠瑶，康顺，王建录. 风力机叶片三维数值计算方法确认研究[J]. 太阳能学报,2010,31(3):279—284.

Fan Zhongyao，Kang Shun，Wang Jianlu. The Validate and Research on 3D Numerical Simulation of the Aerodynamic Perormance of Wind Turbine Blades[J]. Acta Energiae Solaris Sinica，2010，31 (3)：279—284. (in Chiniese)

[3]张磊. 风力机钝尾缘叶片及其气动性能改进研究. [D]. 北京：中科院热物理研究所,2011.

Zhang Lei. Wind turbine Blade with Blunt traling-edge and Improvements of its Aerodynamic Performance. [D]. Beijing：Institute of Engineering Thermophysics，2011. (in Chinese)

[4]Akshoy R P，Pritan S R，Vivek K P，atel. Comparative studies on flow control in rectangular S-duct diffuser using submerged-vortex generators[J]. Aerospace Science and Technology，2013,28 (2013)：332—343.

[5]Shun S，Ahmed N A. Wind turbine performance improvements using active flow control[J]. Procedia Engineering，2012，49（2012）:83—91.

[6]Jasvipul S C，Shashikanth S，Bhalchandra P. Efficiency improvement study for small wind turbines through flow Control [J]. Sustainable Energy Technologies and Assessments ,2014，7 (2014)：195—208.

[7]Leandro O S，Daniel J D，Jurandir I Y. Optimization of winglet-type vortex generator positions and angles in plate-fin compact heat exchanger：Response Surface Methodology and Direct Optimization[J]. International Journal of Heat and Mass Transfer ，2015，82 (2015)：373—387.

[8]Ralph J V, Lennart S H. Measurements in Separated and Transitional Boundary Layers Under Low-Pressure Turbine Airfoil Conditions[J]. Journal of Turbomachinery, 2001, 123 (2001): 189-197.

[9]Lin J C. Review of research on low-profile vortex generators to control boundary-layer separation[J]. Progress in Aerospace Sciences, 2002, 38(2002): 389-420.

[10] Godard G, Stanislas M. Control of a decelerating boundary layer. Part 1: Optimization of passive vortex generators[J]. Aerospace Science and Technology, 2006, 10 (2006): 181-191.

[11]Godard G, Foucaut J M, Stanislas M. Foucaut, M. Stanislas. Control of a decelerating boundary layer. Part 2: Optimization of slotted jets vortex generators[J]. Aerospace Science and Technology, 2006, 10 (2006): 394-400.

[12]Godard G, Stanislas M. Stanislas. Control of a decelerating boundary layer. Part 3: Optimization of round jets vortex generators[J]. Aerospace Science and Technology, 2006, 10 (2006): 455-464.

[13]Johansen J, Soerensen N N, Zahle F, et al. Aerodynamic Accessories. Denmark: Risoe National Laboratory[R]. Risoe-R-1482, 2004.

[14]Johansen J, Soerensen N N, Peck M, et al. Rotor Blade Computations with 3D Vortex Generators. Denmark: Risoe National Laboratory[R]. Risoe-R-1486, 2005.

[15]刘刚, 刘伟, 牟斌, 等. 涡流发生器数值计算方法研究[J]. 空气动力学学报, 2007, 25(2): 241-244.
LIU Gang, LIU Wei, MOU Bing. CFD numerical simulation investigation of vortex generators[J]. Acta Aerodynamica Sinica[J]. 2007, 25(2): 241-244. (in Chinese)

[16]张海灯，吴云，李应红，等.叶栅等离子体流动控制布局优化和影响规律[J].航空动力学报，2014,29(11):2593—2605.

ZHANG Haideng，WU Yun，LI Yinghong，el at. Layout optimization and influence law of cascade plasma flow control [J]. Journal of Aerospace Power, 2014,29(11):2593—2605. (in Chinese)

[17]张荻，樊涛，蓝吉兵，等. 涡旋射流控制逆压梯度平板边界层分离的涡结构研究. 西安交通大学学报，2012,46(1)：1—8.

ZHANG Di，FAN Tao，LAN Jibing. Study on the Special Vortical Structure Development During Flow Separation Control by VGJs in Boundary Layer of Flat Plate with Adverse Pressure Gradient[J]. Journal of Xi'an Jiaotong University，2012，46(1)：1—8.(in Chinese)

[18]Rao V N，Turcker P G，Jefferson-Loveday R J，et al. Large eddy simulations in low-pressure turbines：Effect of wakes at elevated free-stream turbulence[J]. International Journal of Heat and Fluid Flow, 2013, 43(2013):85—95.

[19]高翔，胡骏，王志强. 叶尖射流对风力机叶尖流场影响的数值研究[J].航空动力学报，2014,08(29):1863—1870.

GAO Xiang，HU Jun，WANG Zhiqiang. Numerical study on effects of blade tip air jet on the flow field of wind turbine blade tip [J]. Journal of Aerospace Power, ,2014,08(29):1863—1870.(in Chinese)

[20]Monty J P，Harun Z，Marusic I. A parametric study of adverse pressure gradient turbulent boundary layers[J]. International Journal of Heat and Fluid Flow, 2011, 32(2011)：575—585.

[21]Marusic I，Perry A E. A wall-wake model for the turbulence structure of boundary layers. Part 2. Further experimental support[J]. Fluid Mech, 1995, 298(1995)：389—407.

[22]Jones M B，Marusic I，Perry A E. Evolution and struc-

ture of sink-flow turbulent boundary layers[J]. Fluid Mech，2001，428(2001)：1－27.

[23]童秉纲，尹协远，朱克勤. 涡运动理论[M]. 合肥：中国科学技术大学出版社，2009.

[24]Hung S C，Kinney R B. Unsteady viscous flow over a grooved wall：a comparison of two numerical methods[J]. International Journal for Numerical Method in Fluds，1988，8：1403－1437.

[25]梁俊宇. 涡轮叶片气膜冷却孔绕流的实验与数值模拟研究．[D]. 北京：华北电力大学，2012.

Liang Junyu. Experimental and Numerical Investigation of Flow around Film Cooling Hole of Turbine Blade．[D]. Beijing：North China Electric Power University，2012. (in Chinese)

小翼安装角对分离涡旋涡特性的影响研究

胡　昊[1]，李新凯[1]，王晓东[1]，康　顺[1]

(1. 华北电力大学电站设备状态检测与控制教育部重点实验室，北京　102206；

摘要：为了研究三角形小翼安装角（β）对前缘分离涡旋涡特性的影响，首先以某三角翼飞行器为研究对象，验证了数值方法的可靠性。其次选取了 5 个典型的小翼安装角：$\beta=10°$、$15°$、$20°$、$25°$、$30°$，分析了前缘分离涡在翼面上的流动情况及横截面上流线拓扑随安装角的变化规律；并分析了小翼下游旋涡强度及径向运动轨迹随安装角的变化规律，在小翼下游 $X/H<20$（X 为流向距离，H 为小翼高度）时旋涡强度随安装角增大而增大，$X/H=20\sim80$ 时，$\beta=25°$旋涡强度最大，$X/H>80$ 时，$\beta=20°$旋涡强度最大。

关键词：小翼；安装角；分离涡；旋涡特性

中图分类号：TK83　　**文献标识码**：A

Study the Effect of Winglet Installation Angle on Vortex Characteristic of Separation Vortex

Hu Hao[1]，Li Xinkai[1]，Wang Xiaodong[1]，Kang Shun[1]

(1. North China Electric Power University，Key Laboratory of CMCPPE Ministry of Education，Beijing 102206，China；

Abstract：In order to study the installation angle (β) of delta winglet on the leading edge of the separation vortex characteristics，first of all to a delta wing aircraft as the object of study to verify the reliability of numerical methods. Secondly，to select the five typical winglet installation angle：$\beta=10°$、$15°$、$20°$、$25°$、$30°$，analyzes the leading edge vortex on the wing surface flow and the cross section of the streamline topology with the variation of installation angle；And analysis of the winglet downstream vortex intensity and radial motion trajectory changes with the installation angle and in downstream $X/H<20$ winglet vortex strength with the installation angle increases and increases, $X/H=20\sim80$, $\beta=25°$ vortex intensity is maximum. $X/H>80$, $\beta=20°$ vortex intensity maximum.

Key words：Winglet；Installation angle；Separation vortex；Vortex characteristic

引　言

VGs(涡发生器)是按一定规则布置于物体表面的小翼,小翼与来流存在一定夹角,当流体流过小翼时会产生较强的集中涡,该集中涡会带动边界层内外的流体进行掺混,增加边界层内低能流体的动能,从而达到抑制边界层分离的目的[4−7]。涡发生器由于结构简单、安装方便等特点常用于流动控制。小翼与来流的夹角称为涡发生器安装角,该角度对小翼产生集中涡的强度、涡核破裂等非常重要。航空航天中对三角翼的研究非常多,包括翼面上的附体流、涡破裂流动等得到非常多的成果。但航空航天中的三角翼与涡发生器中的小翼有所不同,涡发生器布置在物体表面,来流及旋涡的发展受物面边界层影响,所以研究涡发生器安装角对集中涡旋涡的运动及发展非常必要。

为了验证数值方法的有效性,首先采用CFD(计算流体动力学)方法对具有实验数据的三角翼进行了计算,分别在小迎角和大迎角下进行确认。然后对不同安装角时VGs进行CFD计算,分析小翼安装角对旋涡强度及涡核破裂的影响。

1　几何模型及数值方法

1.1　几何模型

本文对两个模型进行CFD计算。模型1为三角翼,该三角翼为加拿大国家研究委员会、美国空军和加拿大国防部联合研究的"机动飞行的非线性气动力（Non-Linear Aerodynamics under Dynamic Maneuvers）"项目。该项目报告提供了从简单附体流动、完全发展涡流动、涡核破裂流动、直至大迎角失速流动的丰富实验数据，其实验数据可用于 CFD 计算方法的验证。模型 2 为用于流动控制的 VGs 几何模型，涡发生器厚度很小，为简化计算同样将其简化为 0 厚度的面。

表 1　几何参数

Tab. 1　Geometrical parameter

	前缘后掠角/°	高度 H/mm	翼根弦长 C/mm	翼面积/mm²
模型 1	65	290	621.919	90170
模型 2	73.6	5	17	42.5

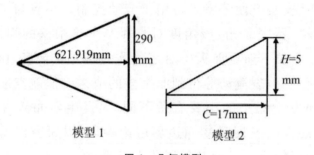

图 1　几何模型

Fig. 1　Geometric models

1.2　计算方案及数值方法

本文采用的计算域如图 2 所示（图中 C 为翼根弦长），模型 1 计算时，对称面设置为为对称边界，来流为均匀来流。模型 2 计算时，对称面设置为绝热无滑移固壁，来流按 1/7 次率给定来流速度型，边界层高度为 1 倍的小翼高度 H。来流条件及计算攻角如表 2 所示。

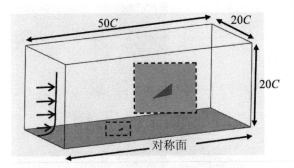

图 2　计算域及边界条件

Fig. 2　The computational domain and boundary conditions

表 2　计算方案

Tab. 2　Calculation scheme

	安装角(β)/°	马赫数	雷诺数	对称面
模型 1	15、30	0.29	3.83×10^6	对称边界
模型 2	10、15、20、25、30	0.24	2.87×10^4	无滑移壁面

　　网格采用 ICEM 软件进行网格划分,全域采用结构网格进行划分。三角翼展向及弦向分别布置 100 个网格节点,网格总数约505 万,三角翼周围网格见图 3。

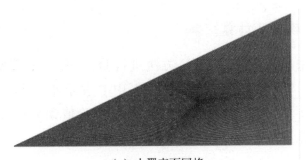

（a）小翼表面网格

图 3　网格分布

Fig. 3　Mesh distribution

（b）对称面及 0.75 倍弦长处空间网格

图 3　网格分布（续）

Fig. 3　Mesh distribution

数值计算采用 Fluent 软件进行定常计算，有限体积法对控制方程进行离散，空间离散采用二阶精度的中心差分格式，压力-速度耦合的 SIMPLE 算法。湍流模型选用一方程 S-A 湍流模型。

2　结果分析

2.1　模型 1 计算结果

本文采用模型 1 对 CFD 方法进行验证，表 3 为模型 1C_N（法向力系数）计算值与实验值对比，表中 β 表示小翼与来流攻角。从表中可看出，气动力系数计算结果与实验值误差较小，且在迎角越小计算误差越小。

表 3　计算结果对比

Tab. 3　Compared of calculation results

		$\beta=15°$	$\beta=30°$
C_N	实验值	0.75	1.56
	计算值	0.742	1.527
	误差/%	1.066	2.115

图 4 为三角翼背面静压云图(a)及 0.75 倍弦长位置处 C_p(静压系数)计算值与实验值分布(b)。从图 4(a)可以看出,集中涡涡核会在壁面造成低压区,低压区从三角翼尖前缘开始向尾缘发展,压力越来越高。从图 4(b)可以看出 CFD 可以较准确模拟出三角翼背风侧静压的幅值,静压分布与实验值吻合较好。

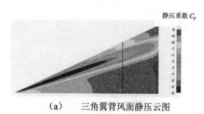

（a）　三角翼背风面静压云图

(a)　Static pressure contours of delta wing leeward

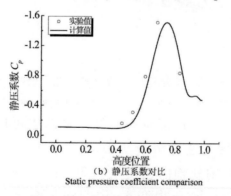

（b）静压系数对比

Static pressure coefficient comparison

图 4　$\beta=15°$ 背风侧物面静压系数对比

Fig. 4　$\beta=15°$ The leeward side surface static pressure coefficient comparison

图 5 为三角翼背风侧涡量等值线及空间流线图。从图中可以看出当三角翼与来流存在一定迎角时,会在三角翼尖前缘形成自由涡层型三维分离,该自由涡层随主流向后运动带动周围的流

体不断卷曲,在三角翼背风侧形成稳定的螺旋形集中涡。当迎角 $\beta=15°$ 时,三角翼背风侧集中涡涡核半径均匀变化,说明在该迎角时涡核未发生破裂。当 $\beta=30°$ 时,涡核半径在 0.5C 左右急剧变大,且空间流线的缠绕突然变得松散,说明涡核在该位置处发生了破裂。

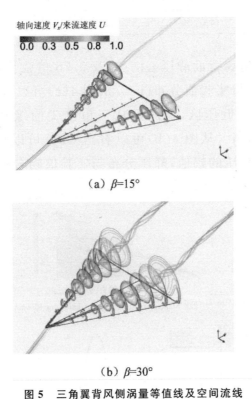

轴向速度 V_x/来流速度 U

0.0 0.3 0.5 0.8 1.0

（a）$\beta=15°$

（b）$\beta=30°$

图 5   三角翼背风侧涡量等值线及空间流线

Fig. 5   **Delta wing leeward side vorticity contour and space streamline**

图 6 为涡轴处轴向速度分布曲线。从图中可以看出当迎角 $\beta=15°$ 时,涡轴处轴向速度缓慢变小,说明涡核在翼面未发生破裂,当 $\beta=30°$ 时,涡轴处轴向速度在 0.5C 左右急剧变小,涡核中心为低压区,速度减小,压力变大,说明涡核在该位置处发生破裂,这与图 5(b)空间流线及涡核半径变化对应的位置一致。

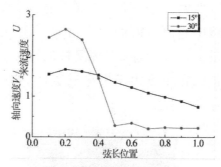

图 6 涡轴处轴向速度分布

Fig. 6 Vortex shaft axial velocity distribution

2.2 模型 2 计算结果

2.2.1 小翼前缘分离涡特性

图 7 为小翼背风侧空间流线及涡量等值线。与图 5 类似，放置于固壁上的三角翼会在其尖前缘背风侧产生自由涡层型三维分离，该集中涡带动周围的流体绕涡轴做规则的螺旋状运动。小翼安装角越大空间流线缠绕的越紧，空间流线的螺距越小。根据空间流线的形态可以判断，在所研究安装角范围内涡核在小翼表面未发生破裂，所以涡核在小翼表面是否发生破裂不仅与安装角有关也与来流条件有关。

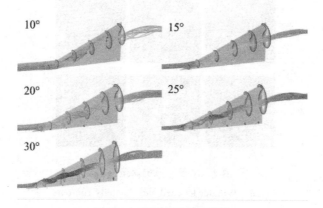

图 7 小翼背风侧空间流线

Fig. 7 Space streamline of winglet leeward side

　　图 8 为小翼背风侧三个弦长位置(0.4C、0.6C、0.8C)处涡量云图。首先从涡核中心涡量值的大小可以看出,随着安装角的增加涡核中心处涡量值逐渐增加;其次涡核的面积随安装角的增加而增加。表面涡核未在小翼表面发生破裂时,集中涡的强度随安装角的增加而增加。

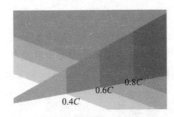

(a) 0.4C、0.6C、0.8C 截面位置

(a) The section position 0.4C、0.6C、0.8C

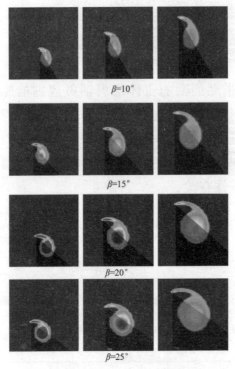

图 8　小翼背风侧涡量云图

Fig. 8　Winglet leeward side vorticity contours

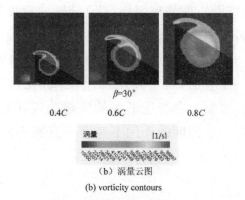

（b）涡量云图

(b) vorticity contours

图 8　小翼背风侧涡量云图（续）

Fig. 8　Winglet leeward side vorticity contours

图 9 为小翼背面三个弦向位置（$0.4C$、$0.6C$、$0.8C$）处，物面静压分布曲线。首先对比图 8(a)与图 4(a)可以发现三角翼产生的低压涡核均是从前缘产生，并向下游发展，但航空中研究的三角翼集中涡的开始位置更靠近尖前缘，而放置于固壁上的小翼由于尖前缘与固壁连接，一方面靠近固壁位置流体动能很低，另一方面受固壁干扰作用，集中涡起始位置从尖前缘下游开始并向下游发展。从图 8 可以看出，随着安装角的增加，小翼背面静压值越低，小翼两侧压差也就越大，小翼本身的形阻也会增加，说明安装越大低压涡核对小翼表面的作用能力越强。随着弦向距离的增加，静压值逐渐增加，在小翼后缘 $0.8C$ 处不同安装角时，物面静压值已相差不多。

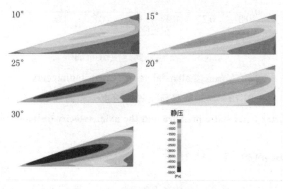

图 9　小翼背风侧物面静压分布

Fig. 9　Winglet leeward side of the distribution of the surface pressure coefficient

图 10 为涡核中心处静压系数(C_p)沿轴向速度随涡线的变化规律。集中涡涡核中心是低压区,安装角越大涡核中心的静压值越低,这与图 8 显示的物理现象是对应的。涡轴处的静压值在 $X=0.4C$ 之前一直增加,属于顺压梯度区域,在该范围内涡轴处的轴向速度一直增加。在静压下降的区域为逆压梯度范围,涡轴处的轴向速度在逆压梯度的作用下速度一直减小。

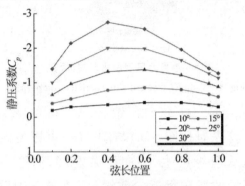

（a） 涡轴处静压分布曲线

（a）Vortex axial static pressure distribution curve

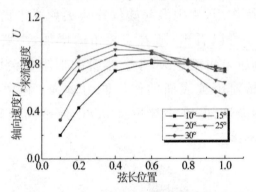

（b） 涡轴轴向速度分布曲线

(b) Vortex shaft axial velocity distribution curve

图 10　涡轴处静压及轴向速度分布曲线

Fig. 10　Vortex axial static pressure and the axial velocity distribution curve

2.2.2　旋涡截面流线拓扑

图 11 为安装角为 10°、20°、30°时 4 个横截面上流线的图谱,分别对应于轴向速度增加及减小的区域。从图中可以看出沿涡

轴方向不仅轴向速度有明显变化,涡轴横截面流线图谱的拓扑规律也会大有变化。按照微分方程的稳定性理论,节点的稳定性取决于其散度值。假设流动为定常不可压流动,则从连续方程可以得到散度值与旋涡轴向速度的变化规律,即:

$$D=\frac{\partial V_y}{\partial y}+\frac{\partial V_z}{\partial z}=1\frac{\partial V_x}{\partial x} \tag{1}$$

当散度 D>0 时为不稳定节点、D=0 时为中心节点、D<0 时为稳定节点(流线指向内)。首先观察图 11 中 $\beta=10°$ 时 4 个截面上的流线拓扑,这 4 个截面位置分别对应图 10(b)中轴向速度增加区域及轴向速度减小区域。在 0.2、0.4C 截面位置对应轴向速度增加区域,截面流线方向向内,根据式(1)可知轴向速度增加时,D<0 为稳定节点;而 0.6C 处对应轴向速度减小区域,流线图谱存在一个"极限环",极限环外的流线指向外、环内的流线指向内;0.95C 对应轴向速度减小区域,其流线指向外,根据公式(1),其散度 D>0,为不稳定节点。$\beta=20°、30°$ 时情况与 $\beta=10°$ 时略有不同,在轴向速度增加区域(图 12(a))流线指向内,为稳定节点,在 0.4、0.6C 范围内为轴向速度减小区域,流线图谱也存在一个"极限环",极限环外的流向指向内、环内的流体指向外,在 0.95C 处,截面流线均指向外,节点为不稳定节点。

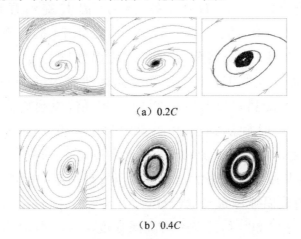

(a) 0.2C

(b) 0.4C

图 11 纵向截面流线图谱

Fig. 11 longitudinal cross section flow graph

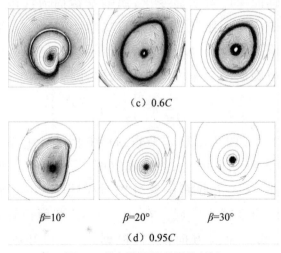

（c）0.6C

$\beta=10°$　　　　$\beta=20°$　　　　$\beta=30°$

（d）0.95C

图 11　纵向截面流线图谱（续）

Fig. 11　longitudinal cross section flow graph

2.2.3　小翼下游旋涡特性

上面研究了前缘分离涡在小翼翼面上的旋涡特性，对于用于抑制流动分离，旋涡在小翼下游的运动情况更加重要。图 12 为小翼下游不同截面位置旋涡强度随流向距离的变化曲线。从图中可以看出在小翼下游的初始位置，随着安装角的增加，旋涡的强度逐渐增加。在 $X/H=0$ 处 $\beta=30°$ 时其旋涡强度分别是 $\beta=25°、20°、15°、10°$ 的 1.27、1.73、2.53 及 4.73 倍。当旋涡运动到 $X/H=20$ 处时，安装角 $\beta=30°$ 的旋涡强度是 $\beta=25°$ 的 0.98 倍，旋涡强度已经低于 $\beta=25°$。当旋涡运动到 $X/H=60$ 处时，安装角 $\beta=30°$ 的旋涡强度是 $\beta=20°$ 的 0.97 倍，说明旋涡运动到这个位置 $\beta=30°$ 时旋涡强度比 $\beta=20°$ 时还要低。当旋涡运动到 $X/H=80$ 处时，安装角 $\beta=25°$ 的旋涡强度是 $\beta=20°$ 的 0.94 倍，此后 $\beta=20°$ 时其旋涡强度最大。由此可以发现当流向距离 $X/H<20$ 时 $\beta=30°$ 的旋涡强度最大，$X/H=20\sim80$ 时，$\beta=25°$ 的旋涡强度最大，在 $X/H>80$ 时，$\beta=20°$ 的旋涡强度最大。所以当小翼用于抑制流动分离时，如果分离点位置距小翼尾缘 $X/H<20$ 时，小翼安装角选择 $\beta=30°$ 较为合适；如果分离点位置距小翼尾缘 $X/H=$

$20\sim80$ 之间时,小翼安装角选择 $\beta=25°$ 较为合适;如果分离点位置距小翼尾缘 $X/H>80$ 之间时,小翼安装角选择 $\beta=20°$ 较为合适。

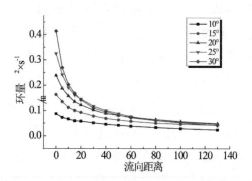

图 12　小翼下游旋涡强度随流向距离变化关系

Fig. 12　Winglet vortex strength changes with the flow distance downstream

图 13 为小翼下游不同截面位置处旋涡涡核半径随流向距离的变化曲线。从图中可以看出涡核半径随流向距离增加逐渐变大,且涡核半径随安装角的变化也呈线性变化,即安装角越大,涡核半径越大。在小翼下游的初始位置,不同安装角时小翼涡核半径基本相同,但随着流向距离的增加,小翼安装角越大涡核半径随流向距离变化的斜率越大,即安装角越大涡核半径增加的越快。涡核半径的变化会影响到涡核在径向方向的能量分布,需要结合涡核径向运动轨迹一同分析。

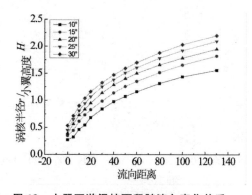

图 13　小翼下游涡核面积随流向变化关系

Fig. 13　Winglet vortex core area change with flow downstream relationship

图 14 为小翼下游旋涡涡核中心在径向的运动轨迹。小翼的弦向方向与来流有一定夹角,此夹角称为小翼的安装角,来流流过小翼时产生的旋涡在径向方向会向小翼与来流的夹角方向偏斜。为什么要研究旋涡在径向方向的运动轨迹,因为小翼用于流动控制时,是按一定规则排列的多个小翼相互作用,两个小翼产生的旋涡会相互作用,所以在没有任何干扰情况下,研究旋涡径向的运动轨迹非常有必要。从图 14(b)可以看出,安装角越大旋涡在径向方向的偏斜距离也越大,但是随着流向距离的增加,旋涡偏斜的斜率越低。如果用于流动控制时,假设选取的小翼安装角 $\beta = 30°$ 时,如果分离点位置在小翼下游 $X/H = 20$ 处,那么径向布置小翼时,理论上两个小翼之间的间距应为涡核中心的径向位置加上此时涡核半径,结合图 13、图 14(b)可知,此时两个小翼径向间距应为 $4.7H$。如果小翼安装角 $\beta = 25°$ 时,如果分离点位置在小翼下游 $X/H = 60$ 处,那么两个小翼径向间距应为 $6.3H$。

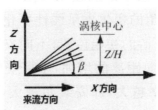

（a）涡核展向示意图

(a) Vortex core exhibition to the sketch

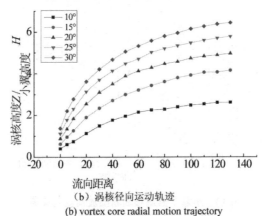

（b）涡核径向运动轨迹

(b) vortex core radial motion trajectory

图 14　小翼下游涡核径向运动轨迹

Fig. 14　Winglet downstream vortex core radial motion trajectory

图 15 为小翼升阻力系数 C_d 随安装角 β 的变化曲线,从图中可以看出,小翼阻力系数随安装角基本呈线性变化,即小翼的安装角越大其产生的形阻阻越大。当 $\beta=30°$ 时小翼的阻力系数分别是 $\beta=25°、20°、15°、10°$ 的 1.41、2.23、4.05 及 9.05 倍,所以小翼用于流动控制时,对于整个流场要评价由于小翼本身增加的形阻损失与小翼抑制流动分离之后减小的压差损失之差,选择小翼安装角时,如果均能抑制流动分离时,小翼安装角越小越好。

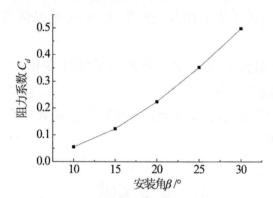

图 15　小翼升阻力系数随安装角变化曲线

Fig. 15　Winglet drag coefficient changing with installation Angle curve

3　结　论

采用数值模拟方法对 5 个典型小翼安装角进行了模拟。得到如下结论:

(1)三角翼前缘分离涡是否会发生破裂不仅与迎角有关,还与来流雷诺数有关。用于流动控制的三角翼在 30°安装角内均为发生涡核破裂现象,且在翼面上涡核强度及涡核面积随安装角的增加而增加。涡核中心为低压区,且安装角越大涡轴处压力越低,涡轴处的轴向速度在顺压梯度区域速度增加,在逆压梯度区域轴向速度减小。

(2)在小翼下游 $X/H<20$ 时 $\beta=30°$ 的旋涡强度最大,$X/H=20\sim80$ 时,$\beta=25°$ 的旋涡强度最大,在 $X/H>80$ 时,$\beta=20°$ 的旋涡强度最大。如果分离点位置距小翼尾缘 $X/H<20$ 时,小翼安

装角选择 $\beta = 30°$ 较为合适；如果分离点位置距小翼尾缘 $X/H =$ $20\sim 80$ 之间时，小翼安装角选择 $\beta = 25°$ 较为合适；如果分离点位置距小翼尾缘 $X/H > 80$ 之间时，小翼安装角选择 $\beta = 20°$ 较为合适。

（3）小翼前缘分离涡在径向方向会向小翼与来流夹角方向偏斜，安装角越大旋涡在径向方向的偏斜距离也越大，用于流动控制需要在径向布置多个小翼时，根据小翼下游距分离点位置，以及该位置处小翼涡核半径及径向距离，大致可以估算小翼径向布置距离。

（4）小翼阻力系数随安装角基本呈线性变化，当 $\beta = 30°$ 时小翼的阻力系数分别是 $\beta = 25°、20°、15°、10°$ 的 1.41、2.23、4.05 及 9.05 倍，所以选择小翼安装角时，如果均能抑制流动分离时，小翼安装角越小越好。

参考文献

[1]Mohamed Gad-el-Hak. Control of low speed airfoil aero-dynamics[J]. AIAA Journal,1990,28(9):1537—1552.

[2]Bons J P,Sondergaard R,Rivir R B. Turbine separation control using pulsed vortex generator jets[J]. ASME Journal of turbo machinery,2001,123(2):198—206.

[3]Hansen L,Bons J. Flow measurements of vortex generator jets in separating boundary layer[J]. Journal of Propulsion and Power,2006,22(3):558—566.

[4]Akshoy Ranjan Paul,Pritanshu Ranjan,Vivek Kumar Patel. Comparative studies on flow control in rectangular S-duct diffuser using submerged-vortex generators[J]. Aerospace Science and Technology,2013,28 (2013) :332—343.

[5]S. Shun,N. A. Ahmed. Wind turbine performance improvements using active flow control[J],Procedia Engineering,

2012,49（2012）:83—91.

[6]Jasvipul S. Chawla,Shashikanth Suryanarayanan,Bhal-chandra Puranik elt. Efficiency improvement study for small wind turbines through flow Control[J]. Sustainable Energy Technologies and Assessments,2014,7（2014）:195—208.

[7] Leandro O. Salviano, Daniel J. Dezan, Jurandir I. Yanagihara. Optimization of winglet-type vortex generator positions and angles in plate-fin compact heat exchanger: Response Surface Methodology and Direct Optimization[J]. International Journal of Heat and Mass Transfer,2015,82（2015）373—387.

[8]Lin J C. Review of research on low-profile vortex generators to control boundary-layer separation[J]. Progress in Aerospace Sciences, 2002,38(2002):389—420.

[9]G. Godard 1,M. Stanislas. Control of a decelerating boundary layer. Part 1: Optimization of passive vortex generators[J]. Aerospace Science and Technology,2006,10（2006）:181—191.

[10]G. Godard 1,J. M. Foucaut,M. Stanislas. Control of a decelerating boundary layer. Part 2: Optimization of slotted jets vortex generators[J]. Aerospace Science and Technology,2006,10（2006）:394—400.

[11]G. Godard 1,M. Stanislas. Control of a decelerating boundary layer. Part 3: Optimization of round jets vortex generators[J]. Aerospace Science and Technology,2006,10（2006）:455—464.

[12]张漫,乔渭阳. 逆主流射流式旋涡发生器对涡轮流动分离控制数值模拟[J]. 推进技术,2008,29（2）:168—173.（ZHANG Man,QIAO Wei-yang. Numerical simulation of the reversed injection VGJs for low-pressure turbine separation control[J]. Journal of Propulsion Technology,2008,29(2):168—173. ）

[13]张漫,乔渭阳. 射流式旋涡发生器对涡轮流动分离控制[J]. 推进技术,2008,29(1):67—74. (ZHANG Man,QIAO Wei-yang. Numerical simulation of the vortex generator jets for low-pressure turbine separation control[J]. Journal of Propulsion Technology,2008,29(1):67—74.)

[14]V. Nagabhushana Rao,P. G. Turcker,R. J. Jefferson-Loveday,et al. Large eddy simulations in low-pressure turbines: Effect of wakes at elevated free-stream turbulence[J]. International Journal of Heat and Fluid Flow,2013,43(2013):85—95.

[15]Ralph J. Volino,Lennart S. Hultgren. Measurements in Separated and Transitional Boundary Layers Under Low-Pressure Turbine Airfoil Conditions[J]. Journal of Turbomachinery,2001,123(2001):189—197.

[16]Monty, J. P, Harun, Z, Marusic, I. A parametric study of adverse pressure gradient turbulent boundary layers[J]. International Journal of Heat and Fluid Flow, 2011, 32(2011):575—585.

[17]Marusic, I. Perry, A. E. A wall-wake model for the turbulence structure of boundary layers. Part 2. Further experimental support[J]. Fluid Mech, 1995, 298(1995): 389—407.

[18]Jones, M. B, Marusic, I, Perry, A. E. Evolution and structure of sink-flow turbulent boundary layers [J]. Fluid Mech, 2001, 428(2001): 1—27.

[19]Inoue. M, Pullin. D. I, Harun. Z, et al. LES of adverse-pressure gradient turbulent boundary layer[J]. International Journal of Heat and Fluid Flow. 2013,44(2013): 293—300.

[20]Hung. S. C, Kinney. R. B. Unsteady viscous flow over a grooved wall: a comparison of two numerical methods[J]. Inter. J. for Numer. Method in Fluds,1988, 8:1403—1437.

致　谢

本书是在导师康顺教授、王晓东副教授悉心指导下完成的。

四年前有幸师从康顺教授，成为课题组中的一员。康老师生活中是一位充满慈爱的长辈，学术上是一位要求严格的老师。他渊博的知识、严谨的治学态度、力求创新的科学精神、立德树人的教育信仰，使我受益匪浅、终身难忘。王老师是我的副导师，他是科研上的带路人，生活上的大师兄，无论有什么问题他都会耐心指导、真心帮助，亦师亦友、情谊永怀。在此向他们表示最衷心的感谢！

感谢组内张晓东、戴丽萍、张惠老师，他们同样在学习上给予过我很大的帮助。

特别感谢我的好队友、好兄弟李新凯、陈晓明、熊万能，谢谢你们在学习和生活上给我的帮助、支持。由于有了你们，使我在华电的日子变得快乐、充实、精彩。愿我们的感情历久弥深。感谢实验室梁思超、仇永兴、刘智益、左薇、任会来、叶昭良、祝健、褚英琼、姚世刚、赵宗德、刘晓杰、马璐、张仪、李志伟等，他们在我课题研究中给与了无私的帮助与支持。

感谢华北水利水电大学对我的培养，感谢、感恩学校所有关心、支持、帮助、爱护我的领导、老师、同事、同学。

感谢我的父母、我的姐姐弟弟、我的妻子、我的家人，感谢他们长久以来对我默默的付出，让我能够顺利完成该课题。

感谢所有我生命中的贵人们。

感谢我的祖国提供了和平的学习环境，让我们处在这样一个美好的时代，作为一个教育工作者，我愿用我的专业知识回报我的国家，愿祖国更加繁荣、富强。

本书承蒙河南省高校科技创新团队支持计划资助（NO.

16IRTSTHN017）和河南重点科技攻关项目《基于 BPM 模型的风力机叶片噪声预测与优化》、郑州市科技攻关项目《基于涡发生器的风电机组叶片气动功率提升关键技术研究》支持，特此致谢。